本书由安徽省高校学科（专业）拔尖人才学术资助项目（No. gxbjZD2022068）、安徽省自然科学基金项目（No. 1808085ME162）和铜陵学院 2020 年度校学术带头人科研项目（No. 2020tlxyxs19）资助出版

土拱效应理论在岩土工程中的发展与应用

黎春林　著

合肥工業大學出版社

图书在版编目(CIP)数据

土拱效应理论在岩土工程中的发展与应用/黎春林著. --合肥:合肥工业大学出版社,2025.7
ISBN 978-7-5650-6574-3

Ⅰ.①土… Ⅱ.①黎… Ⅲ.①土压力理论-应用-岩土工程-研究 Ⅳ.①TU4

中国国家版本馆 CIP 数据核字(2024)第 095726 号

土拱效应理论在岩土工程中的发展与应用

黎春林 著　　　　责任编辑 张择瑞

出 版	合肥工业大学出版社	版 次	2025 年 7 月第 1 版
地 址	合肥市屯溪路 193 号	印 次	2025 年 7 月第 1 次印刷
邮 编	230009	开 本	710 毫米×1010 毫米 1/16
电 话	理工图书出版中心:0551-62903204	印 张	10.75
	营销与储运管理中心:0551-62903198	字 数	182 千字
网 址	press.hfut.edu.cn	印 刷	安徽联众印刷有限公司
E-mail	hfutpress@163.com	发 行	全国新华书店

ISBN 978-7-5650-6574-3　　　　定价: 38.00 元

前　言

土拱效应是岩土工程技术人员在工作和研究中必须关注的一个重要课题。土拱与工程中的拱结构不同，拱结构是人为把材料设计建造成拱形状，使拱在荷载作用下主要承受压力；而土拱并不是一个真正的拱，土体因应力扰动出现不均匀变形，使得土体颗粒相互挤压楔紧，此现象被称为土拱。土拱自发将作用于拱上或者拱后的压力传递到拱脚及周边稳定介质中。土拱的形成改变了土体中的应力状态，主应力方向发生偏转，相邻土颗粒产生相互错动，土体颗粒之间自发产生剪切应力来抵抗这种相对运动，剪切应力降低了土体屈服区的土体应力，同时增加了相邻静止区的土体压力，这种因土体不均匀变形引起的土体应力重分布即土拱效应。在岩土工程中土拱效应广泛存在，如地下管道、隧道、挡土墙、抗滑桩等等。土拱从概念的提出迄今已有一百多年的历史，一些土拱理论应用于工程实践，在指导工程设计中取得了较好的效果。

本书首先综述了国内外土拱效应的研究历史与发展，从 Terzaghi 等提出的经典土拱理论展开讨论，系统介绍各种土拱理论及其在工程中的应用，并对不同土拱研究方法进行分析和评述。随后，本书重点介绍了作者多年在土拱方面的研究成果，包括：①在隧道管片支护力计算方面，提出了在土拱效应不完全发挥的情况下松动土压力的计算方法；②在隧道施工开挖面稳定方面，基于曲面体滑裂模型，提出了考虑土拱效应的开挖面支护力计算方法；③在隧道施工引起的地面沉降方面，基于土拱效应对应力的转移、隧道拱顶土层存在卸荷反弹的情况，提出了考虑土拱效应的盾构隧道施工地表沉降计算方法。

由于作者经验和水平有限，书中难免会有错误或不足之处，恳请读者批评指正。

作　者

2024 年 3 月

目　　录

第1章 绪 论

1.1 研究背景

土拱效应是岩土工程中普遍存在的现象，其产生原因是移动土体通过调动自身抗剪强度将自身重量的及其承担的荷载传给相邻稳固土体。因土拱效应的存在，土中应力重分布，进而影响着作用在地下土体结构上的荷载，需要考虑岩土材料中的拱才能获得接近实际的结果。

根据土拱的形成条件，均匀完整的土质地层因为没有不均匀位移的产生，在理论上是不存在土拱的。但土体是非均匀的多相介质，即便仅在自重应力状态下也是不可能受力变形均匀的，因此，在自然景观中也可以发现拱效应。自然界中的孔洞在人为或自然影响下往往始于一个较小空洞，空洞周围围岩原始应力场发生改变，上覆围岩产生破坏并以拱形逐级向上扩展，直到圆顶不能再支持增加的负荷而垮塌。例如，在喀斯特地形中，可以很容易观察到拱现象，如图 1－1 所示。

图 1－1 喀斯特地貌中的土拱

喀斯特地貌是由溶岩(如石灰石、白云石和石膏)溶解并经流水冲蚀、潜蚀和崩塌等机械作用形成的特殊地貌。喀斯特地形最明显的问题是随着水的流动和溶解,孔隙逐渐增大,随后在土质地层中形成空洞。空洞通常是圆形或椭圆形,深度与直径的比例不一。一般情况下,如果埋深较浅,则会产生滑移式的整体塌落,最终形成灾难性地面塌陷,通常几乎没有预警;如果埋深足够大,塌落则不会一直向上发展,而是在某个位置趋于稳定,形成拱形自稳结构。

在自然界中存在很多天然形成的土洞,在土洞形成初期土颗粒之间由摩擦力和黏聚力而聚合在一起,随后因水的冲蚀渗透力,或者地下水位降低使得土体有效应力增加等因素,都会使得土体内部剪应力超过其抗剪强度,从而使土颗粒与主体分离形成土洞。土洞在土拱效应作用下将洞顶上方的土压力转移到土洞周边稳定介质中。在讨论围岩强度时,对于无黏性颗粒状介质,控制应力横向传递的拱机制作用最为显著;对于黏性介质,其黏聚力也是构成拱的强度的一个重要因素,但拱机制并不像无黏性介质那样明显。

土拱效应在岩土工程中更是广泛存在,如地下管道、桩承式复合路基、基坑支护、挡土墙、隧道开挖等工程中,如图 1-2 所示。

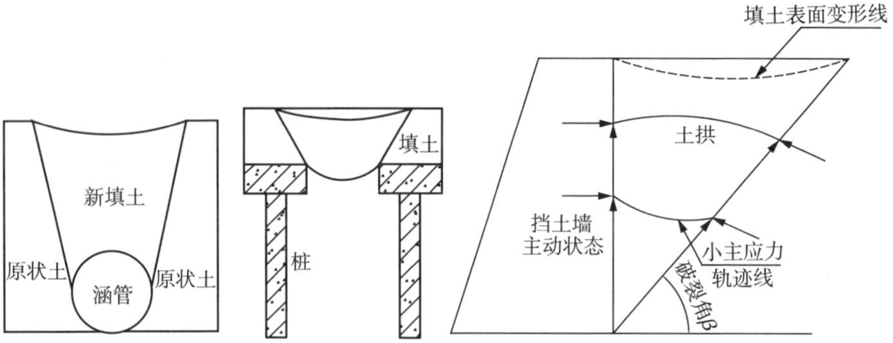

图 1-2　岩土工程中的土拱

和图 1-1 喀斯特地貌中的出现明显的土拱结构相比,在这些工程中的土拱往往是不可见的,它是岩体在受到扰动时调节发挥自身强度而自发形成的类拱形承载结构,是抽象的,但又是客观存在的。

土拱也不同于具体的拱形结构物(如拱桥),拱形结构物是设计人员根据荷载大小设计的一种具有特定几何形状的拱形结构,而土拱是岩土材料受扰动后自我调节达到自稳的一种现象,之所以称之为拱,是因为虽然其几何形状是抽象的,但具有拱的力学特性。

1.2 土拱本质

土拱效应可以描述为当土体因应力扰动产生变形时，易变形的岩土材料和相邻的稳定结构之间的力的转移，在土体内部发生应力再分配。土体内部剪应力倾向于使屈服土体保持在原来的位置上，从而改变了土体屈服区和相邻区域土的压力，部分应力转移至周边土体，使得土体的竖向应力会减小，而水平向应力增大。

从变形分析的角度来看，土拱效应实质是土体通过调整自身的抗剪强度来抵抗土体颗粒间的相对移动，例如基础变形引起上方土体的变形，基础两侧土体调动本身抗剪强度阻止其变形而产生土拱效应（图 1－3）。合理利用土拱效应可以提高结构的承载力，例如在地下管道、隧道、挡土墙等的设计施工中，人们利用拱作用来减少覆盖层土压力或挡土墙支护力。

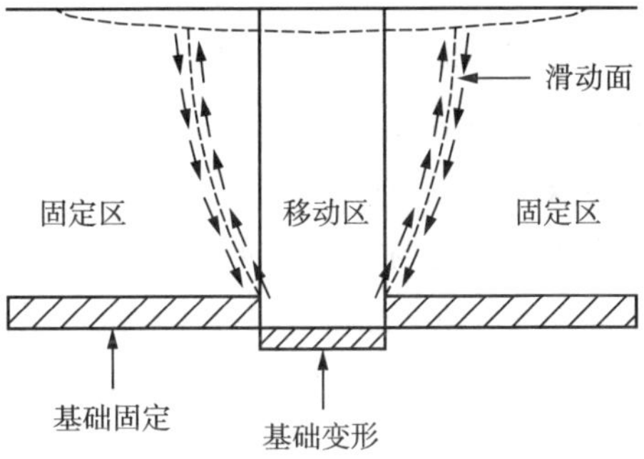

图 1－3 土拱效应机理示意图

从应力分析的角度来看，土拱是由于地下空洞存在或地下空间开挖引起的不均匀位移，导致原始应力状态受到扰动，使得荷载的传递路径发生改变，围岩在自我调节的过程中产生了拱形的应力分布，通过发挥土拱优良的抗压性能，土拱将上覆岩土体重量转移至两侧的稳定岩土体中，如图 1－4 所示。

通过上面的分析可知，土拱实质是应力重新分布的结果，并且这种应力转移机制是通过发挥土体抗剪性能得以实现的，它使得土体中形成了具有与拱结构传力机制相似的“拱”。但土拱效应中的“拱”不同于拱形结构物，如拱桥、拱坝等，它的形成是在外力作用下有不均匀位移时产生的，是变形迫使土体进行自我调节以抵抗外力的结果。

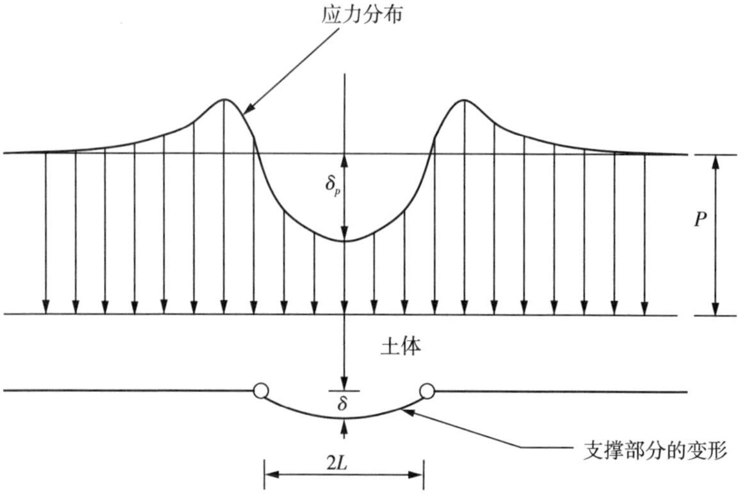

图 1-4　基底变形土体应力分布(Bjerrum et al. ,1972;Revised by Evans,1983)

从围岩结构角度来看,土拱起到了承载自身及覆岩荷载重量作用,是具有拱的力学特性的稳定结构。但土拱不能称为拱形结构物,拱形结构物是宏观存在的,而土拱是微观存在的。土拱虽然客观存在,但其本质是应力方向发生偏转进而产生类似于拱结构的力学传递效果,不能直接观察到。也正因为无法直接进行观测,土拱的研究一直是地下工程领域研究的重点和难点。

对地下结构而言,土拱有可能使之加荷,也有可能减荷。如图 1-5 活动门试验所示,如果屈服部分向下移动,剪应力将向上,减少屈服区土体的应力,土体内应力松弛,地下结构物承担的荷载变小,相邻区域土体应力则增加。这种土拱称为主动土拱。土体破裂面形状及土中剪应力分布如图 1-5 左边向上箭头所示,此时活动门向下移动。

相反,如果屈服部分向上移动,剪应力将向下,阻碍相对运动,导致屈服区应力增加,屈服区土体被挤压,地下结构物承担的荷载增加,相邻区域土体应力减小。这种土拱称为被动土拱。土体破坏面形状及土中剪应力分布如图 1-5 右边向下箭头所示,此时活动门向上移动。

结构在土中受荷会产生土拱,根据土体的相对刚度,土拱可能是主动的,也可能是被动的。主动土拱发生在结构的刚度比周围的土体小,如图 1-6(a)所示。当结构受到外部荷载,平面 AA 和 BB 产生的应力分布类似于图 1-6(b)所示,这时,由于土中自发被调动的剪应力,在结构上的应力小于那些附近的土体中的应力,而靠近结构边缘部分土体中的应力有较大增加。

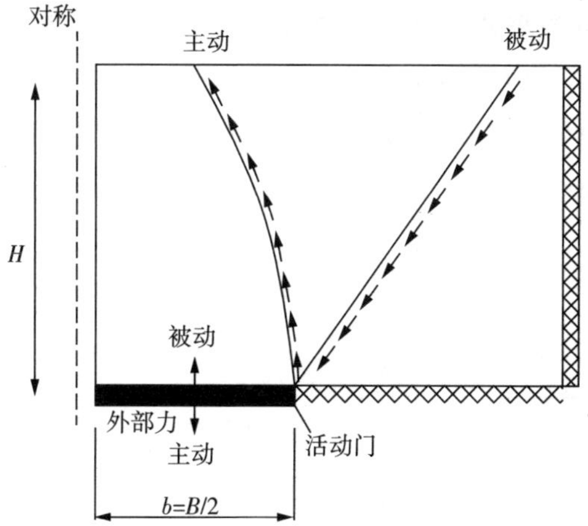

图 1-5 主动土拱和被动土拱

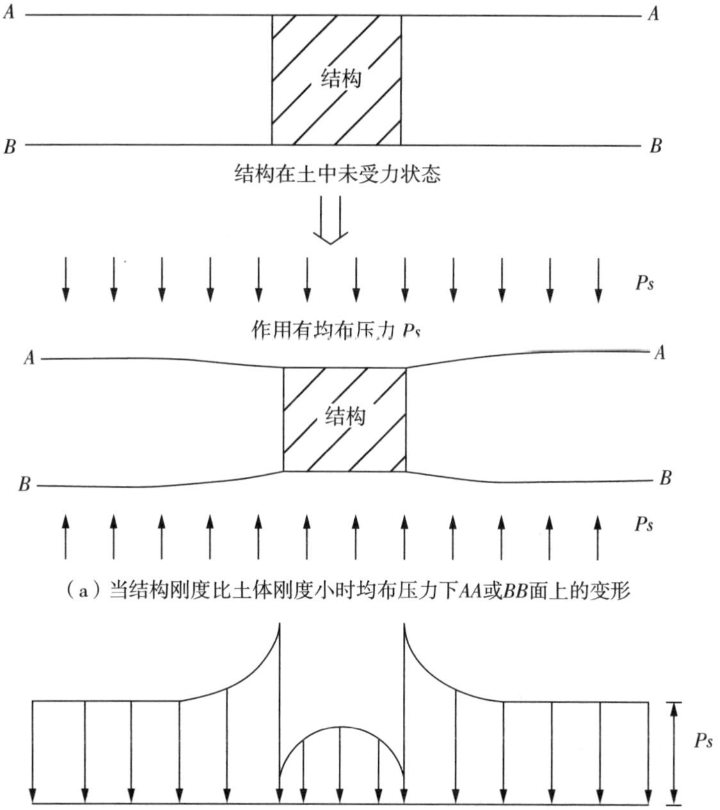

（a）当结构刚度比土体刚度小时均布压力下AA或BB面上的变形

（b）当结构刚度比土体刚度小时AA或BB面上的应力分布特征

图 1-6 主动土拱土体变形和应力分布(Evans,1983)

如果土体比结构的刚度小,具有更强的压缩性,则形成被动土拱,如图 1-7(a)所示。因此,土体产生较大的位移,调动土体内部剪应力,增加了结构的总压力,同时降低了相邻土体内的应力。假设结构变形是均匀的,应力在边缘最高,在中心线最低。图 1-7(b)为平面 AA 和平面 BB 的被动土拱情况下的应力分布。

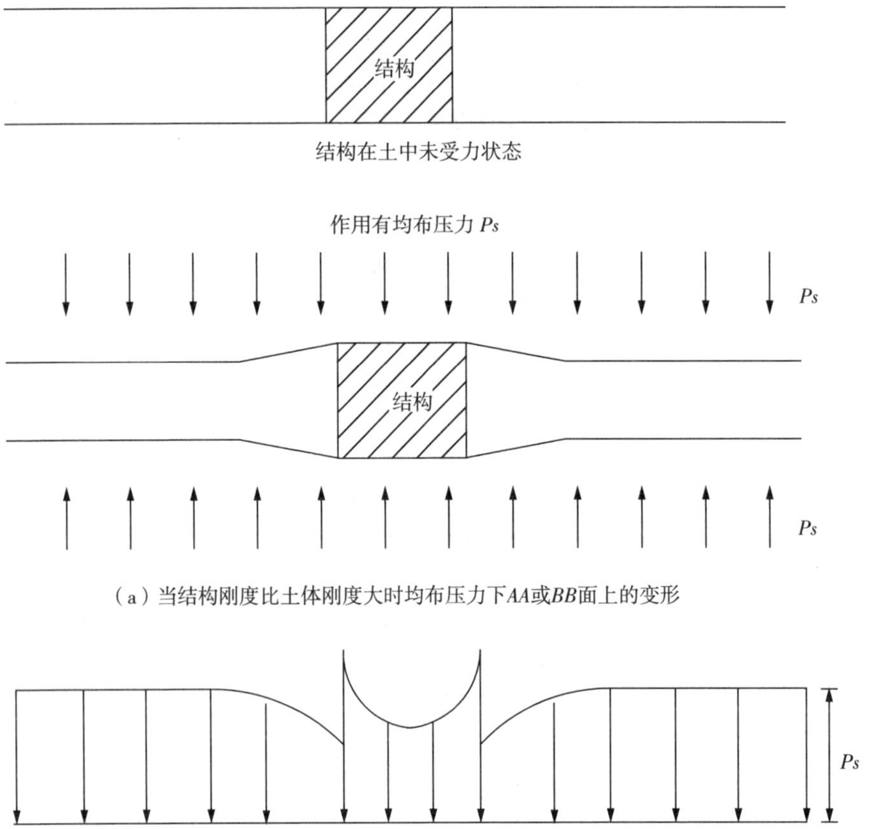

(a)当结构刚度比土体刚度大时均布压力下AA或BB面上的变形

(b)当结构刚度比土体刚度小时AA或BB面上的应力分布特征

图 1-7　被动土拱土体变形和应力分布(Evans,1983)

这种现象我们可以认为是自然界的自我调节,能者多劳,强度高的材料通过自发的土拱效应承担了较大的荷载。如果土体与结构具有相同的本构特性(即荷载与变形关系),则沿平面(如图中 AA 面和 BB 面)的应力将是均匀的。在这种情况下不会出现拱效应,沿垂直方向的应力将是线性的,随着埋深(地应力)的增加而增加。

其实,地下结构通常变形不均匀,导致应力分布比前面(图 1-6 和图 1-7)讨论的情况更复杂。图 1-8 给出了一个示例,水平面(如平面 AA)和垂直面(如平面 BB)在跨中心处变形更大,其水平和垂直应力分布也展示在这张图的下方和右方,可以看到结构的表面同时存在主动拱和被动拱,变形的中心部分为主动拱,边缘部分为被动拱。

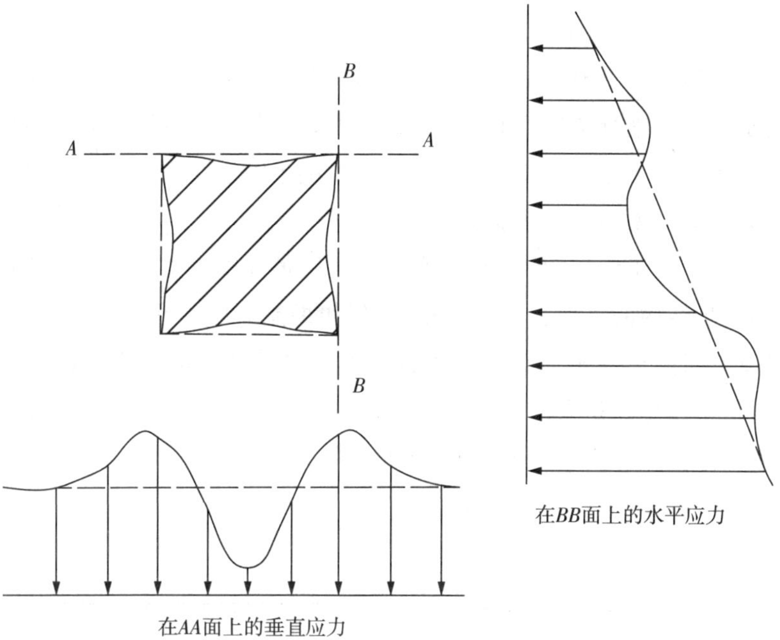

图 1-8 矩形易变形结构变形及应力典型特征(Evans,1983)

1.3 土拱研究历史

土拱效应广泛存在于岩土工程中,然而,拱的研究首先是在非岩土工程背景下开始的。在 19 世纪早期,法国的军事工程师被要求设计筒仓。他们发现筒仓底部只支撑了上方材料总重量的一小部分,侧壁承载的重量远远超过了预期。进一步试验表明,如果底座可以分离并适当降低,筒仓底部承担的荷载将与料仓高度无关。因此,他们得出结论,一个“拱”在筒仓底座向下移动中自动形成。1884 年,英国学者 Roberts 发现,粮仓底面受力大小在粮食堆积高度达到粮仓底面直径 D 的 2 倍后,维持在某一数值不再增加,这种粮仓效应被认为是最早的“土拱效应”。

自此以后，各国学者们从很多方面对土拱开展了广泛的研究，试图了解土拱效应机理，研究方法包括解析方法、数值分析和试验等。1895 年，Janssen 在前人筒仓设计基础上，推导出一种设计谷物和其他颗粒材料筒仓的方法。1907 年，苏联学者 Protodyakonov 研究在深埋条件下破碎岩体巷道成拱问题时，从合理拱轴线角度提出“普氏拱理论”。

1910 年前后，美国中西部进行了大规模的排水工程施工，工程师发现许多排水管在安装和回填后出现了工程事故。Anson Marston(1930)在爱荷华州立大学对地下管道的荷载进行了广泛的研究，发现其荷载值在一小部分覆盖层自重和几倍覆盖层自重之间变化。管道上的不同载荷取决于管道的刚度和安装过程。这一发现为拱理论的发展做出了重要贡献。

在 20 世纪 20 年代和 30 年代，人们认识到隧道周围土层中拱的重要性。设计师们发现，支护结构的负载远远小于覆土层，如果能够准确地预测负载，就可以节省大量开支。对隧道支护荷载的兴趣也导致了对这个问题的广泛试验和理论研究，其中最值得注意的是太沙基在 1936 和 1943 年的活动门研究。太沙基通过活动门试验(图 1－9)证实了土力学领域也存在拱效应，并将这种土压力由屈服区转移到邻近静止区的现象称为土拱效应。

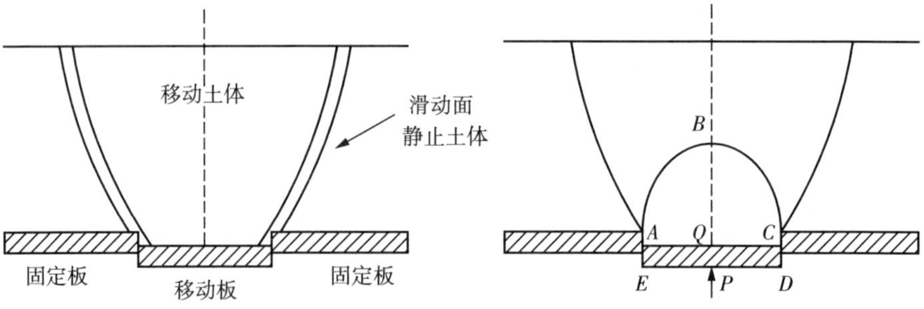

图 1－9　太沙基活动门试验示意图

太沙基认为，土拱效应存在必须满足两个条件：一是土体之间产生不均匀位移或者相对位移；二是存在支撑的拱脚。

太沙基的活动门试验(1936)随后被许多研究者复制，如 McNulty(1965)、Ladanyi and Hoyaux(1969)、Harris(1974)、Vardoulakis et al. (1981)、Fricki and Fricker(1983)和 Evans(1984)，并提出了许多隧道支护荷载的经验公式，其中一些理论在今天仍然被广泛使用，但这些研究与太沙基方法相比，在理论上并没有取得实质性的进展。

在地下工程中，洞室周边岩土应力状态发生改变，并在岩体中形成一个集中应力包裹圈，从而达到新的平衡，工程中将这个围岩应力重分布形成的集中应力区域称为压力拱。压力拱是岩土为抵抗不均匀变形而发挥本身抗剪强度自我调节而形成的一种拱形应力分布区，Engesser(1882)最早研究了围岩成拱现象及压力拱承载特性，Kastner(1951)则对围岩应力进行了分区，将围岩由内到外依次分为松动区、塑性区、承载区、弹性区、初始应力区，如图 1-10 所示。Kastner 用力学的观点揭示了围岩自稳的本质。

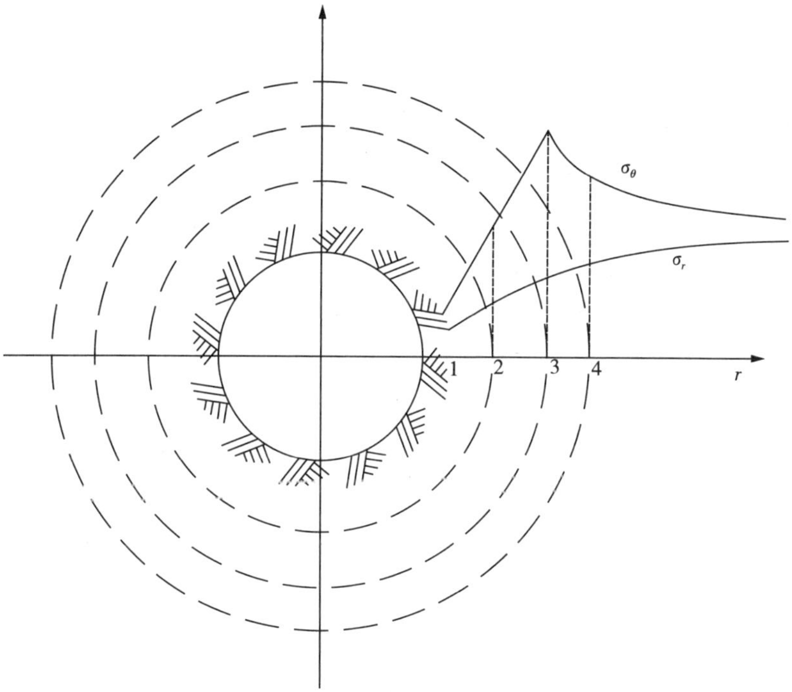

图 1-10 围岩应力状态示意图

1—松动区；1-2—塑性区；2-3—承载区；3-4—弹性区；4—初始应力区

到了 20 世纪 50 年代，美国开始建设州际公路系统，需要更大的涵洞，填充高度和涵洞荷载比以往任何时候都要大，这一工程规划引起了人们对大型地下管道和涵洞上荷载的新兴趣。研究人员在大量调研基础上，并根据以往的经验总结，提出了许多有益的建议，例如，提出需特别注意在柔性涵洞周围重新分配载荷的积极影响，以及通过特定的回填程序减少涵洞负荷的技术等(Spangler and Handy,

1973)。

进入20世纪60年代,拱相关研究的方向又一次发生了变化。美国国防部为土体-结构相互作用领域的研究提供了大量的资金赞助。核攻击会摧毁任何地面设施,大规模防御设施的设计需要地下结构工程技术,人们认识到地下工程中的拱现象可以使地下设施在战争期间经受住核攻击(Whitman et al.,1962,1963)。大部分研究发表在1964年的"土体-结构相互作用研讨会"上。

从20世纪70年代开始,随着计算机的发展与普及,基于计算机的技术被广泛地应用于拱问题的研究。Getzler et al.(1970)用有限差分法分析了理想弹性土模型中的拱压力;Rude(1982)利用线弹性有限元程序来预测安装在实验室测试箱中的涵洞的行为,根据程序做出的预测与实验结果吻合得很好;随后,Sakaguchi and Ozaki(1992)在数值分析中考虑了单个粒子的性质和粒子间的关系,考虑了颗粒间的滚动摩擦效应,使用"离散元法"(Discrete Element Method,DEM)对拱的形成进行了计算机模拟,模拟结果与实验测量结果吻合较好。

20世纪90年代后,一些新技术逐渐被应用到拱的研究中。Iglesia,Einstein and Whitman(1990)利用离心模型研究了土质材料的尺度问题和拱现象。然而,应力分布的屈服面和滑移面形状仍不清楚,测量土体内部应力分布的技术是必需的,光测法(Yoshida et al.,1993)和触觉传感法(Paikowsky & Hajduk,1996)等技术被应用于颗粒土应力分布的测量,光弹性粒子等材料也被用来研究与拱效应相关的滑动面形状。数码相机对土拱土体变形数字图像测量技术近年来被广泛应用。1999年,S. S. Hsiau通过高速的摄影技术和图像处理技术研究了竖向混合器中粒状材料运动时的拱效应现象,通过拍摄的图像可计算振动时颗粒材料的速度。2001年,Hsien-jen Stephen Tien用光弹性球代替土体进行了挡板下落试验,利用精确的图像处理和全局数据获取系统可得到颗粒的运动情况和颗粒体内部的接触力,从微观单个颗粒的角度定性和定量地探究了微粒材料拱效应的机理。2014年,Pardro利用数字图像技术和位移传感器及压力传感器评估土体中存在土拱效应时土体内的位移场和应力场重分布情况。

近年来,我国也有很多学者从事土拱方面的研究,对土拱的应用发展做出了重要贡献。李淑等(2012)将浅埋隧道的破坏模式根据其埋深分成三种类型:当隧道埋深较浅时近似垂直下陷,破裂角接近80°;当隧道埋深较深,且隧道埋深A不小于2倍普氏拱高时,围岩可形成自平衡压力拱,不会发生地面塌陷;而当隧道埋深小于2倍普氏拱高时,会发生拱形破坏,此时破裂角略大于$45°+\varphi/2$。

曲世鞾(2009)认为,砂性土地层破坏呈冒落拱阶段式发展(如图 1-11),在发展至某个阶段后会形成一个相对稳定的“拱结构”。

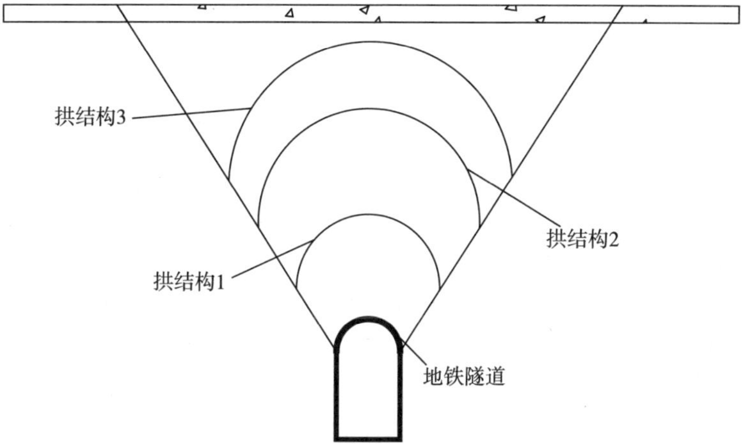

图 1-11 压力拱发展模式

王迎超等(2012)认为,土拱就是应力为压应力的一条曲线,地下空间开挖后存在最低土拱线,如图 1-12 所示。当围岩受拉破坏时会导致土拱线上移,形成二次土拱线。

汪成兵(2007)提出围岩动态土拱理论,认为地下洞室开挖后,初次形成的土拱形态与洞室断面类似。随着上覆围岩的塌方,土拱不断向外扩展,塌方结束时,土拱稳定,不再向上发展,如图 1-13 所示。

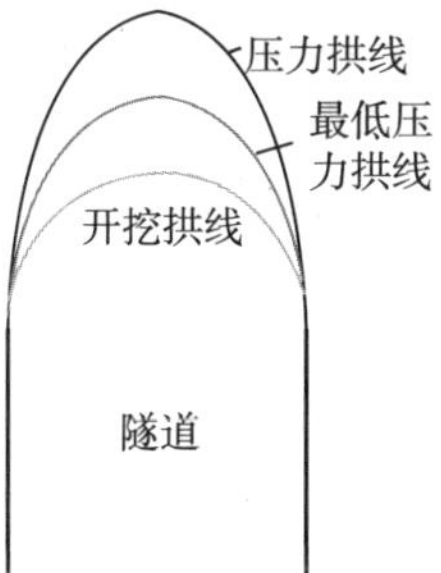

图 1-12 隧道开挖前后的压力拱线

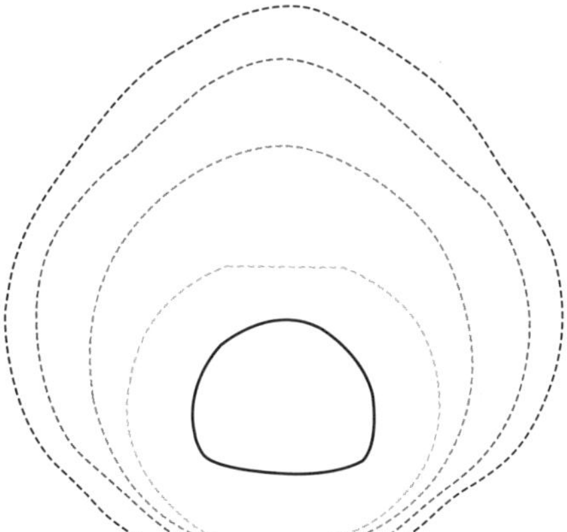

图 1-13 隧道动态压力拱理论示意图

吴爱祥等(2008)根据散体动力学的椭球体理论,认为松动土体是一个类椭球体(图 1-14);松动椭球体的表面为土体的极限移动边界,极限移动边界以外土体保持静止。武军等(2013)和宫全美等(2017)都假设土体滑裂面为椭圆,并推导了相应的松动土压力公式。

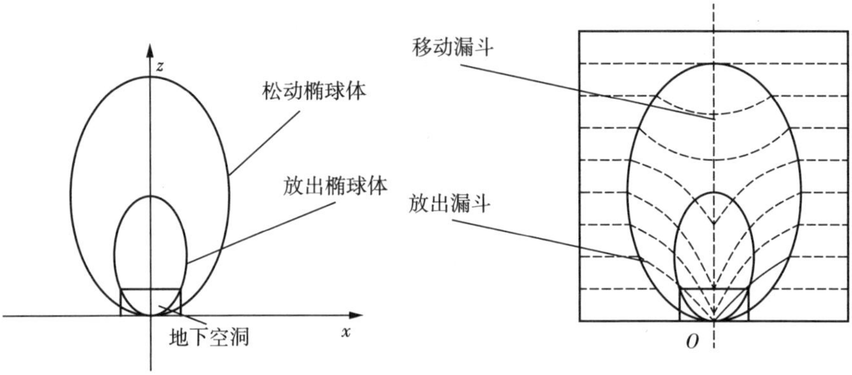

图 1-14　隧道压力拱椭球体理论示意图

杨赛(2018)将土质地层中的拱效应分为不可见的抽象压应力拱和肉眼可见的塌落拱两部分,压应力拱和塌落拱共同影响着地层的稳定性,称之为双拱效应。随着围岩应力的逐渐加大,围岩出现破坏,塌落拱由内向外逐级扩展至临界塌落拱,临界塌落拱与压应力拱的下边界重合。在发展至临界塌落拱之前,土拱自平衡不会产生破坏。

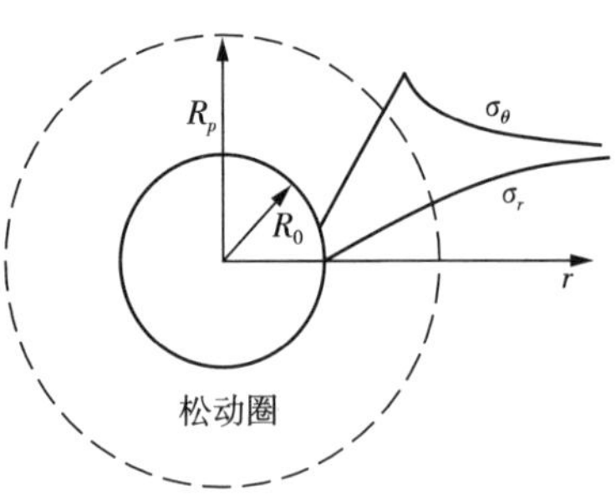

图 1-15　围岩松动圈

宋宏伟等(2012)提出围岩松动圈理论,当围岩应力超过岩土强度,巷道周边围岩就会破坏形成松动圈(图 1-15),并产生碎涨变形,围岩强度明显降低,应力向围岩深处转移并形成压力拱。该理论的核心是认为地下工程结构的外载是松动圈发展过程中的碎涨变形力,松动圈越大,碎涨力及变形量越大,支护越困难。

本书作者(2014)根据盾构隧道施工因注浆和支护作用、土拱效应不能充分发挥的特点,在太沙基传统松动土压力理论基础上,提出了不完全土拱理论。相比于传统土拱理论,不完全土拱理论可以进一步考虑设计和施工因素对土拱效应的影响，提高了隧道拱顶土压力计算的精确性。

孙潇昊等(2017)通过室内模型试验和颗粒流程序模拟，研究盾构隧道开挖面前方土体在不同砂土密度和隧道埋深条件下的土拱形成过程以及土拱对破坏机理的影响。

雷华阳等(2021)在 Terzaghi 松动土压力模型基础上，考虑施工深度以及地层损失对滑移破坏面形态的影响，在分析水平微分土条的主应力轴偏转角基础上构建平衡方程，并对土拱形成的初始状态和稳定状态分别进行了求解，分析了土拱效应的渐进发展趋势。

1.4 本章小结

土拱理论是当前的一个研究热点，但目前在我国应用比较普遍的还是传统的太沙基松动土压力理论和普氏压力拱理论。现阶段，对于土拱效应的研究日益深入，在动态压力拱、塌落拱、卸荷拱等方面的理论研究也取得了较多成果，但是由于土拱效应复杂，土拱效应的机理并没有形成定论，这些新的研究成果还需要在实践过程中进一步验证。为使土拱理论更好地指导设计施工，土拱效应还需要从土拱效应的应力转移机理、土拱效应的发挥、土拱形态及动态变化、土质分层及颗粒级配等土质因素出发，对影响土拱的诸多方面进一步开展研究。

第 2 章　经典土拱理论

2.1　概　述

土拱的产生是岩土体自我调整的结果，土拱形成后实现了土体内部应力的转移。岩土体在自我调整过程中，会充分发挥岩土体的抗压不抗拉特点，土拱拱体处于压应力状态。我们可以认为，土拱是应力发生偏转的拱形结构层，是围岩一定深度处具有厚度的岩土体区域。

在本章，重点是对历史上实验观察和理论推导相结合的经典土拱理论进行详细介绍和讨论。本章介绍的理论是后文中进一步研究诸多土拱效应的基础，其在探索拱效应中起着重要作用。

最著名的土拱试验和理论研究包括 Janssen 筒仓理论（1895），太沙基松动土压力理论（1936，1943），Marston（1913）、Spangler 等（1973）和顾安全埋管理论（1981），Jakobson 筒仓压力理论（1958），Nielson 地下圆顶土拱理论（1966）和普氏压力拱理论（1907）。下面分别进行介绍。

2.2　筒仓理论

1895 年，德国科学家 Janssen 第一个提出与拱效应有关的工程问题：筒仓理论，并推导出了计算筒仓底部压力的公式。他认为，颗粒物质在堆积时会形成似拱形结构，颗粒状物料与筒仓侧壁之间的剪力对降低筒仓底部竖向应力起着重要作用，它把竖直方向上的力转移到水平方向上，并使得筒仓内垂直方向压力分布不均匀。

为简化分析，Janssen 筒仓理论做了以下假设：

(1)粮堆内部同一水平面上竖向压力均匀分布；

(2)竖向应力和水平应力都是主应力，侧向应力系数 K 是与位置无关的定值；

(3)物料相对于侧壁的沉降足以在筒仓的整个深度上产生剪应力，侧壁边界处储粮对仓壁的摩擦充分发挥。

Janssen 分析模型如图 2－1 所示，以一个装满颗粒状材料的筒仓为研究对象，已知直径 B 和高度 H，根据微单元体静力平衡，可以计算筒仓竖向压力。

考虑作用于高度 dh、直径 $B(2R)$、深度 h 的水平微分单元上的力，单元体上的垂直向上的力为 V、向下力为 $V+dV$、单元自重 $W=\gamma\pi B^2 dh/4$。侧向应力 $\sigma_h = 4KV/\pi B^2$，其关于中心线对称，不对单元产生合力(其中 K 为侧向应力系数)。

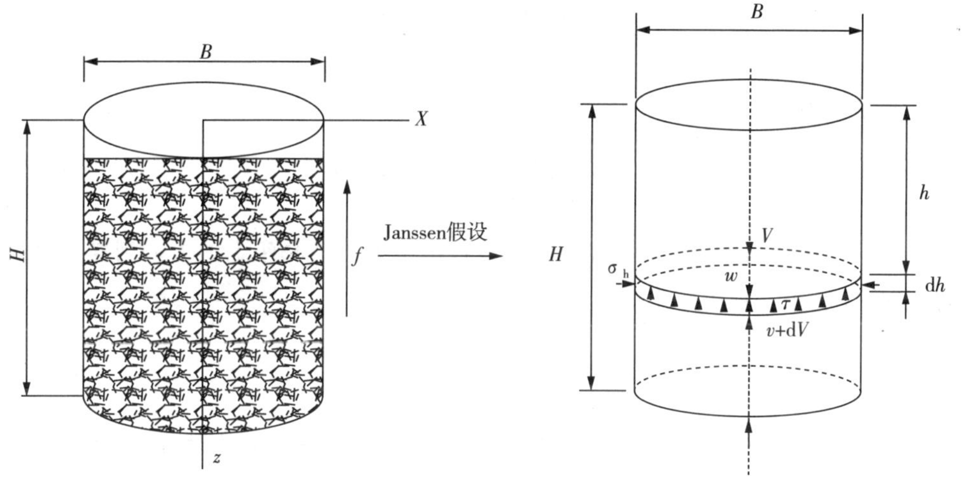

图 2－1　Janssen 筒仓理论分析模型

因此，假设单元相对于筒仓刚性壁面向下移动，则产生的向上作用剪应力为：

$$\tau = \frac{4KV\tan\varphi}{\pi B^2} \tag{2-1}$$

式中：$\tan\varphi$ 为颗粒物料与筒仓壁之间的摩擦系数，φ 为土体内摩擦角。以单元体为研究对象，根据其静力平衡可列出方程：

$$V + dV + \frac{4KV\tan\varphi dh}{B} = V + \frac{\gamma\pi B^2 dh}{4} \tag{2-2}$$

即

$$\frac{\mathrm{d}V}{\mathrm{d}h}+\frac{4KV\tan\varphi}{B}=\frac{\gamma\pi B^2}{4} \tag{2-3}$$

若在粮仓表面作用有均布荷载 Q,根据边界条件 $\sigma v\mid_{z=0}=Q$,解这个线性微分方程可求得粮仓竖向压力:

$$V=\frac{\gamma\pi B^3}{16K\tan\varphi}(1-\mathrm{e}^{-\frac{-4K\tan\varphi\cdot h}{B}})+\frac{Q\pi B^2}{4}\cdot\mathrm{e}^{-\frac{-4K\tan\varphi\cdot h}{B}} \tag{2-4}$$

式中:

$$K=\frac{1-\sin\varphi}{1+\sin\varphi}=\tan(\pi/4-\varphi/2) \tag{2-5}$$

如果粮仓表面作用有均布荷载 Q,则根据边界条件 $\sigma v\mid_{z=0}=0$,式(2-4)变为:

$$V=\frac{\gamma\pi B^3}{16K\tan\varphi}(1-\mathrm{e}^{-\frac{-4K\tan\varphi\cdot h}{B}}) \tag{2-6}$$

水平压力为:

$$\sigma_{\mathrm{r}}=\frac{\gamma\pi B^3}{16\tan\varphi}(1-\mathrm{e}^{-\frac{-4K\tan\varphi\cdot h}{B}}) \tag{2-7}$$

将式中筒仓高度 h 替换为 H,可以得到作用于筒仓底座上的力。当粮仓高度很大时,仓底压力趋于恒定值:

$$V_{\max}=\frac{\gamma\pi B^3}{16K\tan\varphi}(1-\mathrm{e}^{-\frac{-4K\tan\varphi\cdot h}{B}}) \tag{2-8}$$

由于筒仓侧壁与筒仓内颗粒物料之间的剪应力都是向上的,所以拱效应降低了筒仓底部的受力。

Janssen 公式直到现在依然是世界各国筒仓设计计算的重要依据,但也存在一些不足:

(1) 假设侧压力系数 K 外摩擦系数均为与深度 z 无关的常量,而真实静态储粮系统 K 非定值,其大小与应力状态相关,且粮仓侧壁与颗粒物质间的摩擦往往并没有充分发挥,外摩擦系数也不是定值。

(2) 假定储料同一水平面上的竖向压力是均布的,目前有不少研究已验证仓内压力是非均匀分布的;Walker 认为 σ_{h}、σ_{v} 并非均匀分布,并引入一个非均匀分布的分配因子 α,将其定义为仓壁处竖向应力与平均竖向应力之比,式(2-3)变为:

$$\frac{\mathrm{d}V}{\mathrm{d}h}+\frac{4KV\tan\varphi\cdot\alpha}{B}=\frac{\gamma\pi B^2}{4} \tag{2-9}$$

(3)Janssen 模型并未设置粮堆底部的边界条件,假定筒仓为无限深仓,而实际上仓底边界处仓底与储粮间的硬接触与仓内储料与储料间的软接触并不相同。

因此,Jakobson 提出了一种新的计算筒仓压力的方法。他假设在荷载增加时土体每个点都垂直沉降,各点水平应力与垂直应力的比值等于静止土压力系数(Jakobson,1958)。在此条件下,他使用圆柱形坐标中的平衡方程来求取筒仓底部的法向力:

$$\frac{\partial\tau_{r\theta}}{\partial r}+\frac{1}{r}\frac{\partial\sigma_{\theta}}{\partial\theta}+\frac{\partial\tau_{\theta z}}{\partial z}+\frac{2\tau_{r\theta}}{r}=0 \tag{2-10}$$

$$\frac{\partial\tau_{rz}}{\partial r}+\frac{1}{r}\frac{\partial\tau_{\theta z}}{\partial\theta}+\frac{\partial\sigma_{z}}{\partial z}+\frac{\tau_{rz}}{r}=\gamma \tag{2-11}$$

$$\frac{\partial\sigma_{r}}{\partial r}+\frac{1}{r}\frac{\partial\tau_{r\theta}}{\partial\theta}+\frac{\partial\tau_{rz}}{\partial z}+\frac{\sigma_{r}-\sigma_{\theta}}{r}=0 \tag{2-12}$$

$$\sigma_r=\sigma_\theta=K\sigma_z \tag{2-13}$$

$$\tau_{r\theta}=\tau_{\theta z}=0 \tag{2-14}$$

$$\tau_{rz}=\tau \tag{2-15}$$

式中:τ—— 材料的剪应力;

σ_z—— 深度 z 处垂直面上的法向应力;

r—— 到筒仓中线的距离;

K—— 侧压力系数;

λ—— 筒仓中装填材料的重度。

边界条件:

$$\sigma_z=\tau=0\mid_{z=0} \tag{2-16}$$

$$\tau=\tan\varphi\cdot K\cdot\sigma_z\mid_{r=R} \tag{2-17}$$

$$\tau_{rz}=\tau \tag{2-18}$$

式中:R—— 筒仓半径。

Jakobson 利用级数展开对方程进行求解,得到了垂直法向压力在近壁($r=R$)和中心($r=0$)处的数值。计算得到近壁($r=R$)垂直法向压力与 Janssen 方法结果一致,这表明 Janssen 的方法虽然假定的垂直压力均匀分布不合理,但采用该方法仍可获较满意的结果。Jakobson(1958)还进一步讨论了水平法向压力与垂直压力的比值(K),他认为这个比值大于主动土压力系数(K_a)。

2.3 太沙基土拱理论

2.3.1 背景

为了提高对拱现象普遍性规律的理解,特别是了解隧道周围的应力分布特征,K. Kienzl 在维也纳的 Terzaghi 实验室进行了试验研究(Terzaghi,1936)。根据这些试验结果,太沙基在 1943 年提出了比较完善的土拱理论,该理论将拱效应描述为"应力从易变形的土体转移到相邻的稳定部分",并将其描述为"支撑在屈服区部分的拱"。他还将从这些研究中获得的知识以及从许多地下建筑工程中获得的信息结合起来,提出了不同地面条件下地下结构支护荷载的设计值。直到今天,太沙基提出的一些建议仍然广泛应用于地下工程的设计施工。

2.3.2 太沙基活动门试验(Terzaehi,1936)

在太沙基的试验中,一个可以移动的活动门被安装在与底座齐平的位置上,随后活动门连同盒子里的沙子一起向下平移,并测量门上方不同高度的水平和垂直应力。太沙基的试验装置结构如图 2-2 所示。活动门的宽度($2B$)为 7.3cm,试验箱长度为 46.3cm,高度为 31cm。

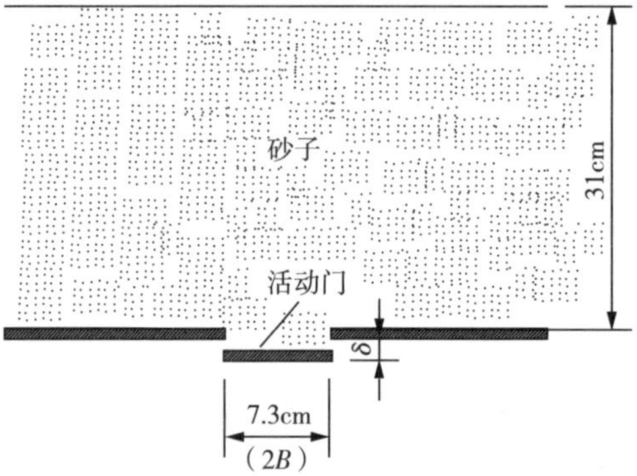

图 2-2 太沙基活动门试验装置(Terzaehi,1936)

太沙基活动门土拱效应分析模型如图 2－3 所示。

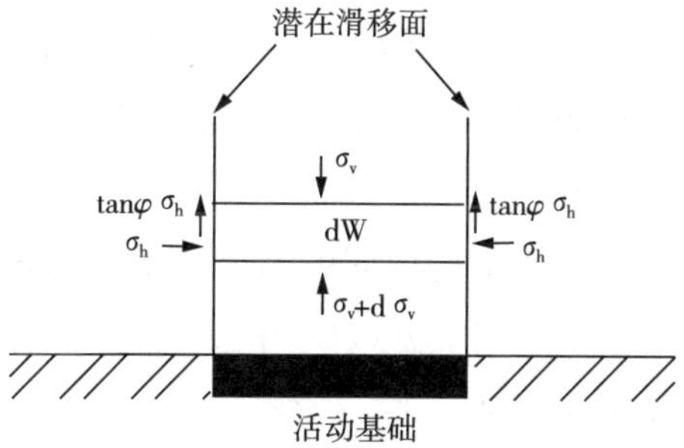

图 2－3　太沙基活动门土拱效应分析模型

图 2－4 展示了 Terzaghi(1936)得出的典型结果，活动门上的力通过初始值(即在活动门降低之前作用在活动门上的力)归一化。当位移开始时，活动门上的力迅速减小，最小值发生在位移为活动门宽度的 1%左右处。该最小值小于覆盖层砂重的 10%，密砂(约 6%)比松砂(约 9.6%)的最小值更低。

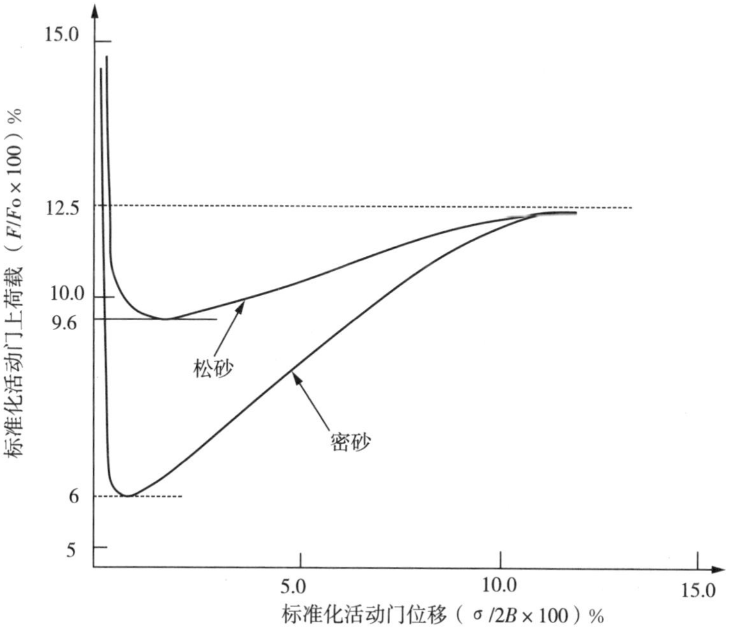

图 2－4　太沙基活动门试验结果

随着位移的继续进行，砂层内部的“拱结构”被认为已经发生了某种程度的分解破坏，自承能力降低，导致了荷载的增加，直到一个恒定值，其值仍然只是覆盖层重量的一小部分（约 12.5%），这表明拱结构仅发生部分破坏，土拱效应还发挥了很大一部分作用。对于大约门宽 10%左右的位移，荷载趋近于这个常数。值得注意的是，虽然密砂相比于松砂更容易成拱，但随着活动门位移的逐渐增大，最终活动门上力的大小是趋于相同的。

图 2-5 显示了活动门上方土层剖面中测得的垂直和水平应力。当活板门向下移动时，垂直应力减小。活动门上方（$H/3$ 位置）部分土体剖面水平应力略有增加，但增大后随着深度增加又逐渐减小。

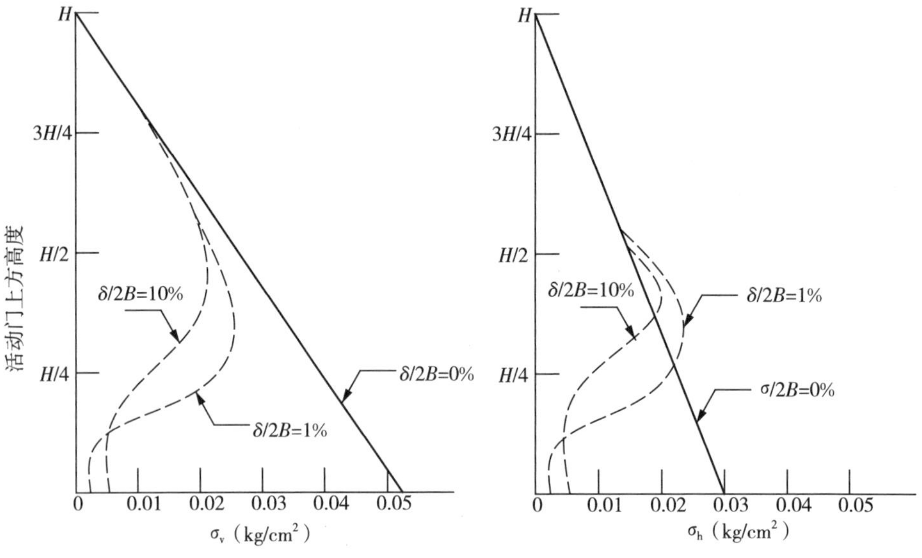

图 2-5　太沙基活动门试验垂直和水平应力

图 2-6 为试验测得的侧向应力系数（K）值。在位移为活动门宽度的 1%情况下，K 在活板门正上方大约为 1.0，在门上方大约 1 个活板门宽度（$2B$）处增加到 1.6 左右。在活动门上方约 $5B$ 处，K 与静止土压力系数 K_0 相等。太沙基认为这个结果意味着降低活动门似乎对这个高度以上的沙子的应力状态没有任何影响，也就是说在这个范围之外没有拱效应。为简化分析，太沙基提出 K 的值近似统一取 1（Terzaghi，1943）。

太沙基进一步指出，土拱并不需要土体颗粒的挤压来支撑拱形结构，土拱是一个依赖于土体剪切应力的暂时情况。这里研究的试验结果是“主动”拱情况，它有

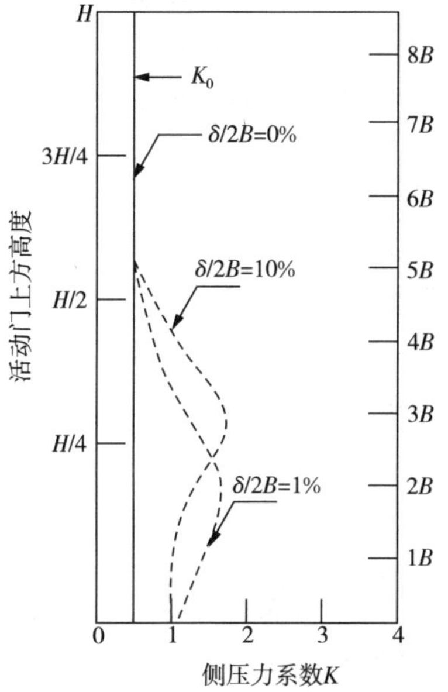

图 2-6 太沙基活动门试验侧压力系数

向上的剪切应力作用于活动门上方的土柱的侧面。由于受到向上剪切应力的影响，作用在活动门上的垂直应力小于活动门顶部覆土材料的自重应力。如果是“被动”拱（活动门向上平移），则情况正好相反，活动门上方的土柱侧面作用有向下的剪切应力，作用在活动门上的垂直应力大于活动门顶部覆土材料的自重。在主动拱中，活动门远离土体移动，其门上承担的应力先逐渐减小，然后增加，最后达到一个稳定的值；在被动拱起过程中，活动门向上挤压土体，活动门上的应力增加到一个峰值，然后再稍微减少趋近于一个恒定值。

2.3.3 太沙基松动土压力理论(太沙基,1943)

根据上一节的试验结果，太沙基提出了平面应变条件下砂土中土拱效应的理论方法（Terzaghi，1943）。他将土拱效应定义为易变形的土体和相邻的稳定土体之间的应力传递，土体的相对运动在屈服区域和稳定部分的接触处受到剪切力的阻碍，因此，通过剪切阻力可以实现应力传递，而剪切阻力在土拱理论中起着重要的作用。

1936 年，太沙基试验观察到土体真实的滑动面是弯曲的，在土体表面它们的间距大于屈服带的宽度。如图 2-7 所示，ab 为地基处的屈服带宽度，实际滑移面

为曲线 ac 和曲线 bd。为简化分析，太沙基土拱理论假定滑动面是垂直的，如图 2－7 所示，用穿过屈服带(ab)外边缘的垂直截面 ae 和 bf 表示滑动面。因此，对屈服带的压力等于位于屈服带(ab)上方的砂粒重量与沿垂直截面的剪切阻力之间的差值。

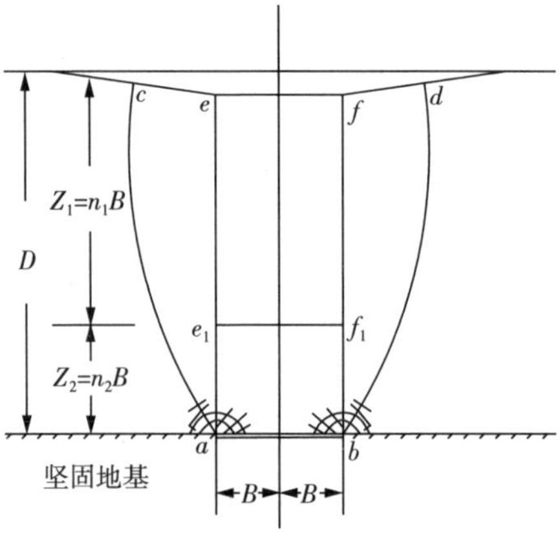

图 2－7　太沙基土压力理论示意图

太沙基借鉴 Janssen 模型的思想，采用相同假设，将滑移面简化为垂面。图 2－8 为屈服区内取一土体微单元进行受力分析。

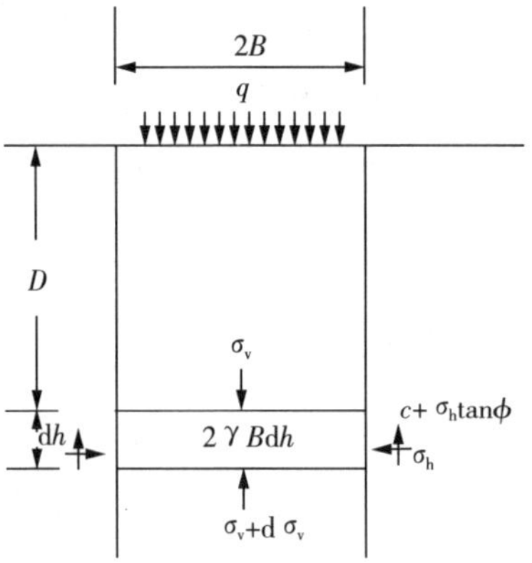

图 2－8　太沙基土拱效应松动区土体平衡示意图

除了假设垂直滑动面外，太沙基还假设水平截面的法向应力是均匀的，土体侧压力系数 K 是一个常数，假定沿滑动面的黏聚力为 c，根据图 2－8 中自由体的垂向平衡可列出方程如下：

$$2B\gamma\mathrm{d}h = 2B(\sigma_{\mathrm{v}} + \mathrm{d}\sigma_{\mathrm{v}}) - 2B\sigma_{\mathrm{v}} + 2c\mathrm{d}h + 2\sigma_{\mathrm{h}}\mathrm{d}h\tan\varphi \qquad (2-19)$$

边界条件为 $h=0$ 处的 $\sigma_{\mathrm{v}}=q$(地面超载),求解方程 2-19,得到:

$$\sigma_{\mathrm{v}} = \frac{B\gamma - c}{K\tan\varphi}\left(1 - \mathrm{e}^{-\frac{K\tan\varphi \cdot h}{B}}\right) + q\mathrm{e}^{-\frac{K\tan\varphi \cdot h}{B}} \qquad (2-20)$$

式中:K—— 侧压力系数;

φ—— 土的内摩擦角;

c—— 土的黏聚力;

γ—— 土的重度;

h—— 上覆土厚度;

q—— 地表超载;

B—— 松动带宽度。

关于位于屈服区上方的砂土应力状态的试验研究表明,拱效应仅延伸到 $5B$ 高度。换句话说,在高于隧道中心线 $5B$ 以上的高度上,屈服区土体的下降对土的应力状态没有任何影响。因此,太沙基假设,在图 2-7 中,砂的剪切力只存在于垂直边界 ae 和 bf 的下部。基于此假设,土体棱柱的上部(ee_1f_1f)被视为下部(e_1abf_1)的超载 q。假定 $z_1=n_1B$ 为棱柱的上部分,其作用类似于附加荷载;$z_2=n_2B$ 为棱柱下部分,其在垂直边界处具有剪切阻力的部分,则方程 2-20 为:

$$\sigma_{\mathrm{v}} = \frac{B\left(\gamma - \frac{c}{B}\right)}{K\tan\varphi}\left(1 - \mathrm{e}^{-K \cdot n_2 \tan\varphi}\right) + \gamma B n_1 \cdot \mathrm{e}^{-K \cdot n_2 \tan\varphi} \qquad (2-21)$$

当 n_2 非常大时:

$$\sigma_{\mathrm{v}} = \frac{B\left(\gamma - \frac{c}{B}\right)}{K\tan\varphi} \qquad (2-22)$$

这意味着在一定深度以下,松动土压力将是一个常数。

尽管太沙基土拱理论在地下工程中已得到广泛应用,但仍存在以下问题需要作进一步研究:

(1)太沙基假定土体处于极限平衡状态,没有考虑对土拱效应发挥起关键作用的拱顶位移这一影响因素,而在实际工程中,常常要限制土体的变形(例如:盾构隧道),土拱效应不能完全发挥,土中剪应力小于抗剪强度,此种情况下松动土压力的计算有进一步讨论的必要。

(2)即使土体充分下移,土拱效应充分发挥,土体也不一定能达到极限状态。换句话说,如果土体抗剪强度较大,不能形成连续的滑动面,则太沙基的假定也不成立。例如,对于地质条件较好的围岩,利用太沙基松动土压力公式甚至还会出现松动土压力为负值的结论,明显与实际不符。

(3)太沙基在推导松动土压力计算公式时为简化分析,取侧向土压力系数为定值1,而实际上该值是一与土体位置相关的变量,并且其大小与土拱效应的发挥程度相关。

(4)太沙基假定活动门是刚性的,活动门刚度直接影响到土拱效应的发挥,从而进一步影响到松动土压力(支护力)的大小;而传统土拱理论对刚度和支护力之间的相互影响关系没有做进一步的讨论。

(5)太沙基根据试验结果提出了等沉面概念,认为等沉面以上土体内没有剪应力,土体没有受到扰动,但其等沉面高度只凭经验给出,缺乏理论依据。

此后,许多研究人员重复了太沙基的活动门试验,并试图改进上述这些问题,使他们的理论预测更接近于工程实际情况。

2.3.4 太沙基土拱理论在隧道设计中的应用

太沙基将上述理论应用于隧道设计(Terzaghi,1943)。

隧道顶部以上土体的应力状态与活动门屈服带以上土体的应力状态相似。太沙基假设,在施工过程中,隧道附近的土体向隧道侧向屈服,形成了一个活跃的土拱条件,使屈服区域的边界与水平方向倾斜成 $45°+\varphi/2$,真实的滑动面为 b_1e,假定的滑动面为 b_1e_1,屈服区棱柱为 $e_1b_1b_1e_1$。如图 2-9(a)所示。

在隧道顶部,矩形隧道屈服带($2B_1$)的宽度计算如式(2-23):

$$2B_1=2\left[B_0+H\cdot\tan\left(45°-\frac{\varphi}{2}\right)\right] \tag{2-23}$$

如果隧道顶板位于地面深度 D 处,顶板的竖向应力为:

$$\sigma_v=\frac{B_1\gamma-c}{K\tan\varphi}\left(1-\mathrm{e}^{-\frac{K\tan\varphi\cdot D_1}{B_1}}\right) \tag{2-24}$$

图 2-9(b) 显示隧道上方土体的垂直应力。

如果隧道位于地表以下较深的位置,土拱效应不能超出隧道顶部以上某一标高 D_1(D_1 取决于土质条件,土体内摩擦角 θ 越大,土拱效应发挥越充分,D_1 值越

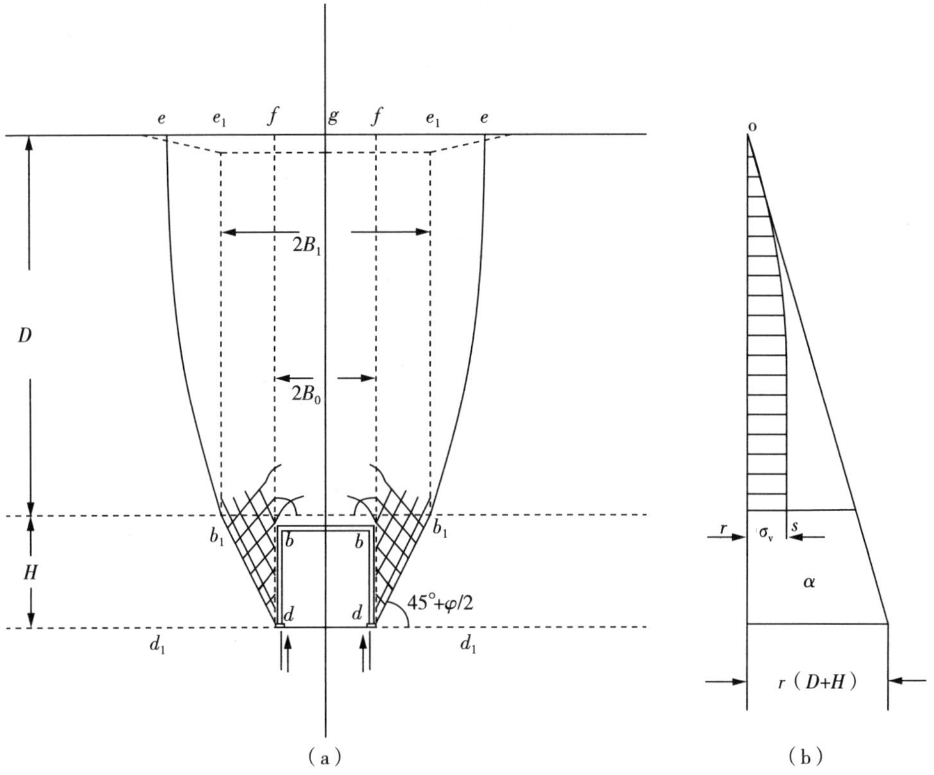

图 2－9　太沙基土拱理论计算示意图及竖向土压力分布

小）。位于该高度以上的土体埋深为 D_2。图 2－10 显示了隧道埋深很大时的计算示意图。隧道拱顶的竖向应力表示为：

$$\sigma_v = \frac{B_1\gamma - c}{K\tan\varphi}\left(1 - e^{-\frac{K\tan\varphi \cdot D_1}{B_1}}\right) + \gamma D_2 \cdot e^{-\frac{K\tan\varphi \cdot D_1}{B_1}} \tag{2-25}$$

当土层中土体内摩擦角较小时，D_1 会非常大，对于深埋隧道，式(2－25) 可简化为：

$$\sigma_v = \frac{B_1\gamma - c}{K\tan\varphi} \tag{2-26}$$

如果隧道是在沙土中建造的，一般出于安全考虑，假设黏聚力 $c=0$，则式(2－26) 进一步简化为：

$$\sigma_v = \frac{B_1\gamma}{K\tan\varphi} \tag{2-27}$$

图 2-10 显示了一个深度较大的隧道顶部的竖向应力分布图。拱效应仅存在于隧道顶部上方 D_1 的距离内。在此范围之外没有拱效应,即 D_2 内无剪切阻力。

如果隧道埋深较大,且地表存在超载 q(图 2-10),则式(2-25) 表示为:

$$\sigma_v = \frac{B_1\gamma - c}{K\tan\varphi}\left(1 - e^{-\frac{K\tan\varphi \cdot D_1}{B_1}}\right) + (q + \gamma D_2) \cdot e^{-\frac{K\tan\varphi \cdot D_1}{B_1}} \quad (2-28)$$

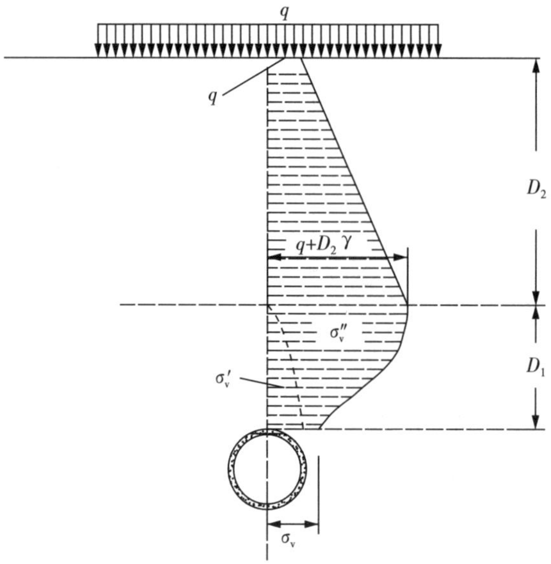

图 2-10 埋深较大时太沙基土拱理论计算示意图及竖向土压力分布

2.3.5 太沙基对隧道支护荷载的建议

太沙基不但进行了最广为人知的土拱活动门试验和理论研究(Terzaghi,1936,1943),他还结合了从许多隧道工程实际中获得的知识和经验来计算设计不同土质条件下隧道支护荷载值(Proctor and White,1946)。太沙基的许多建议至今仍被广泛使用。

太沙基认为,隧道支护力是松动区土拱高度内土质材料的自重。隧道支护力或多或少受到隧道施工前地面的应力状态的影响。土质条件也会影响隧道支护力,例如,在完整或几乎完整的岩石中,基本不需要支护。太沙基提出了基于地基条件的不同隧道荷载值。在本节中,重点是太沙基在试验中观察到的土拱作用以及在各种不同的地基条件下拱效应差异。

太沙基认为，“土拱效应”表示位于隧道顶部以上的岩石将覆盖层土体重量部分转移到隧道两侧的岩石上的能力，土拱效应是隧道开挖产生应力扰动使得部分土体变形的结果。土拱效应机理如图 2-11 所示。

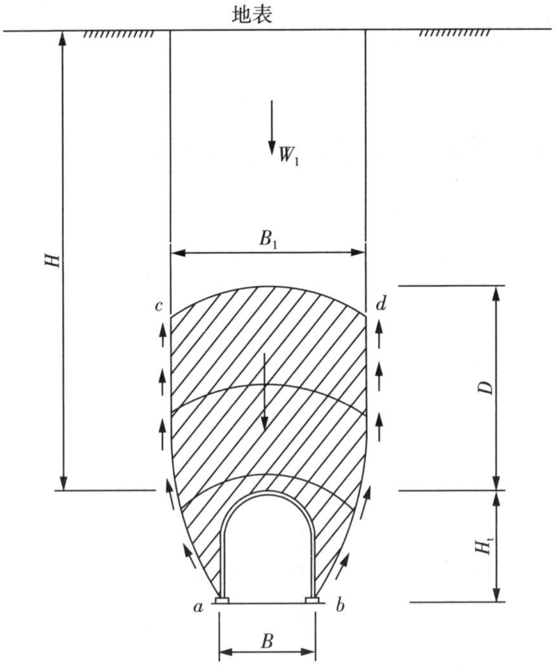

图 2-11　土拱效应机理示意图

在图 2-11 中，阴影部分的面积（$acdb$）代表土拱区域，土拱宽度 B_1，土拱厚度 D。当隧道开挖和支护结构安装时，屈服的岩土或无黏性砂子倾向于向隧道运动。这种运动受到沿横向边界 ac 和 bd 的摩擦阻力。

太沙基指出，土拱的厚度 D 大约等于 $1.5B_1$，在这个高度以上，土中的压力几乎不受隧道施工的影响，土中应力和施工前一致。土拱范围内（如图 2-11 所示），一个非常小的隧道拱顶向下的位移可以大幅减少拱顶的应力，并逐渐趋于一个极小值 $H_{p\min}$，$H_{p\min}$ 远小于土拱厚度 D。如果让结构的顶部继续下沉，屋顶支撑上的岩石荷载再次增加，并接近一个 $H_{p\max}$ 值，这个值仍然比土拱厚度 D 小得多。

太沙基用图 2-11 展示了土拱效应机理，然而，在实际计算中使用这种模型来分析是不方便的。因此，太沙基提供了一个简化模型来计算隧道支护结构的荷载，如图 2-12 所示，只有隧道顶部上方的矩形部分由隧道本身承载，其他部分由拱效应及隧道两侧的楔形体承担，摩擦力将覆盖层重量的大部分（高度为 H）转移到位于隧道两侧的材料上。

隧道的顶板支撑只承载相当于高度 H_p 的土体重量。H_p 是“等效覆盖层高度”（图 2-12）。这个高度用来表示该隧道的压力，作用在隧道上的实际压力可以通过将这个高度乘以土体重度 γ 得到。

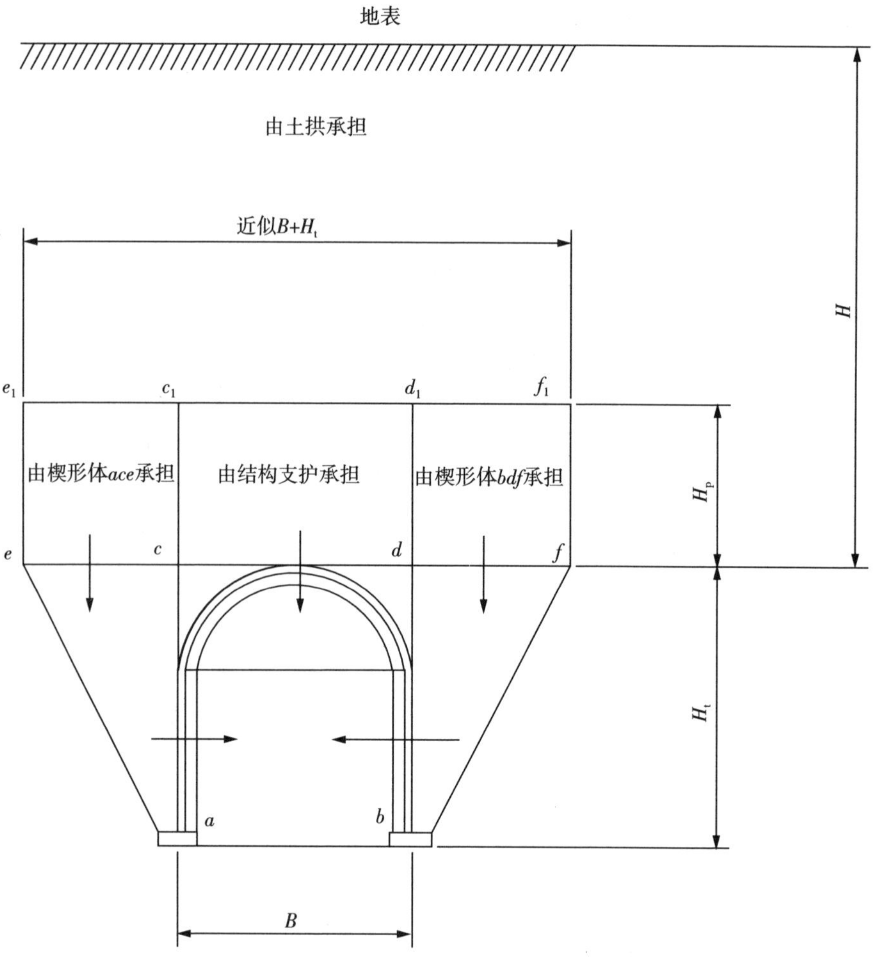

图 2-12 隧道拱顶结构支护力简化模型

由图 2-13 中的 C 曲线可以看出，在砂土或碎石中隧道的荷载-深度关系，随着埋深的增加，松动土压力开始增加较快，随后因土拱逐渐发挥作用，松动土压力逐渐趋于稳定。

因土体的蠕变，松动土压力会随着时间的增加而逐渐增大。在隧道支护安装好后，回填密实，随着时间的推移，岩体荷载逐渐从 H_p 到 H_{pult} 增加15%左右，即 $H_{pult}=1.15H_p$，（图2-13）。岩石荷载随着时间的变化而增加约15%的增加量，如图2-13的阴影部分所示。

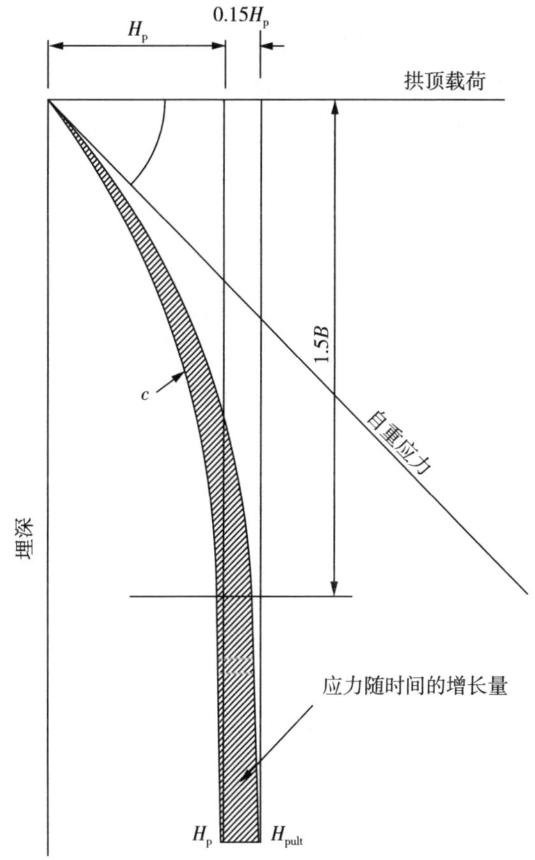

图2-13　砂土或碎石中隧道的荷载一深度关系

太沙基认为，隧道等效覆盖层高度 H_p 与土拱的宽度 B_1 有关，而 B_1 大致等于隧道的跨度 B 加上高度 H_t（图2-11）。因此，H_p 表示为：

$$H_p=C\times B_1=C\times(B+H_t) \tag{2-29}$$

式中：C——常数，取决于岩土条件和地下水的影响，以及在建造隧道和安装隧道支撑时，拱顶垂直方向的位移 d；

B——隧道跨度；

H_t——隧道高度。

这里，因隧道拱顶位移是未知的，很难用实际方法来确定。因此，太沙基依据模型测试结果和经验，推荐了式 2-29 中的常数 C 值，见表 2-1 所列。

他考虑了隧道的不同情况：①在地下水位以上或地下水位以下；②各种地质材料，包括松散的沙子、致密的沙子和岩石。H_p的值见表 2-1 所列。如前所述，拱顶荷载最终值 H_{pult}等于表中初始值 H_p 的 1.15 倍。

根据太沙基的经验，隧道的实际拱顶荷载通常更接近最小值而不是最大值(表 2-1)，地质材料向隧道的轻微移动就会激发地层拱效应。基于这一事实，他建议迅速安装隧道支架，因为如果允许地面拱有更多沉降，则隧道的荷载将逐渐从 H_{pmin}增加到 H_{pmax}。

表 2-1　砂土中隧道拱顶荷载

材料		地下水位线以上		地下水位线以下	
		H_{pmin}	H_{pmax}	H_{pmin}	H_{pmax}
密砂	初始值	$0.27(B+H_t)$	$0.60(B+H_t)$	$0.54(B+H_t)$	$1.20(B+H_t)$
	最终值	$0.31(B+H_t)$	$0.69(B+H_t)$	$0.62(B+H_t)$	$1.38(B+H_t)$
松砂	初始值	$0.47(B+H_t)$	$0.60(B+H_t)$	$0.94(B+H_t)$	$1.20(B+H_t)$
	最终值	$0.54(B+H_t)$	$0.69(B+H_t)$	$1.08(B+H_t)$	$1.38(B+H_t)$

2.4　埋管荷载

2.4.1　背景

埋管土压力理论研究兴起于 19 世纪末，1895 年 Janssen 将“筒仓”理论应用于上埋式管道压力计算，而苏联 Protodyakonov 则将矿业基础理论“自然平衡拱”应用于沟埋式管道土压力分析。1913 年，Marston 发现埋在地下管道上方的土的重量所产生的荷载并没有完全作用于管道，重量的一部分由拱作用承担，在拱的作用下，荷载被转移到相邻的土体中。他在论文《沟埋管道荷载理论及水泥管、陶土管和污水管的试验》中发展了一种理论来解释地下管道上方土体特征，并提出了埋地管道土压力计算方法，是当前公认的埋管荷载计算理论。

不同的埋设方式对埋地管道的土压力计算有很大的影响，因此，Marston 将埋地管道分成了沟埋式和上埋式两种类型：

(1)沟埋式(Ditch Conduit)，也称窄槽式埋管，如图 2－14(a)所示，顶部位于原始地表以下，视土质条件从地面开挖较狭窄的矩形或梯形沟槽，在沟槽内敷设管道(渠)再回填土料分层夯实。计算管涵土压力时可以考虑槽壁减荷作用。

(2)上埋式(Positive Projecting Conduit)，如图 2－14(b)所示，不开槽施工，安装或浇筑在原状土地面上，或安装后管道顶部凸出原状地面，再填土进行夯实。如铁路、公路或堤坝下排水涵洞等。计算管道土压力应考虑管道上土柱与两侧土柱间的不均匀沉降。应当注意的是，通过开槽铺设管道，为方便施工等原因开槽宽度较大(宽槽式埋管)，虽沟槽截面属沟埋式，但作用于管顶的竖向土压力不可考虑槽壁减荷作用，应按上埋式进行计算。

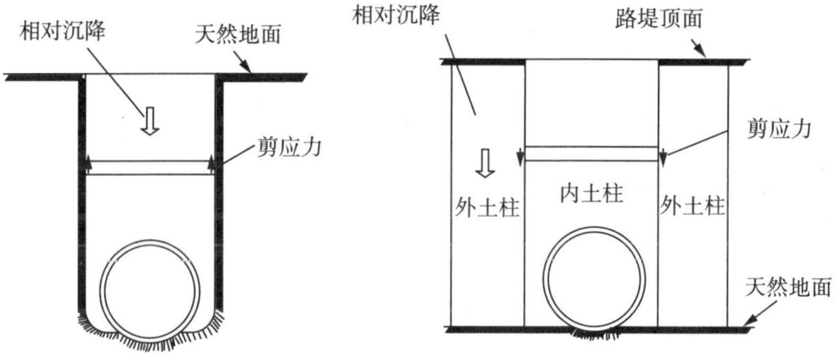

(a) 沟埋式涵管　　(b) 上埋式涵管

图 2－14　不同类型管道示意图

在管顶新填土中，当部分土体发生移动时，必然要受到静止土体的阻碍，也即土体抗剪强度发挥将使移动土体底部的压力减小，相邻的不动土体底部压力则增加。土体中产生的这种压力传递作用也就是“土拱效应”。

顾安全(1981)认为新填土中，为使管顶填土中形成土拱，须具备两个条件：①填土要有一定的高度；②且管顶平面内、外土柱间产生的沉降差要达到一定的数值。如果这两个条件不完全具备，未能充分发挥外土柱对内土柱的阻抗作用，故填土中仅有土拱效应，而土拱尚未形成，也即随着沉降差的继续增大，管顶压力持续减小。当这种上拱效应充分发挥时，移动土体底部某一平面上将受到不变的压力，这时“土拱”便形成了。

土拱对结构最终承受的荷载起着极其重要的作用，在某些情况下，土拱效应是有利的，它使结构承担的荷载小于结构上方土体的自重（卸荷拱），土拱向上拱（凸曲方向），例如沟埋式涵管[图 2－15(a)]。

在另外一些情况下，土拱效应对结构承担的荷载是不利的，它使得结构上的荷载比上覆土体的重量大（加荷拱），土拱向下拱（凹曲方向），例如上埋式涵管[图 2－15(b)]。

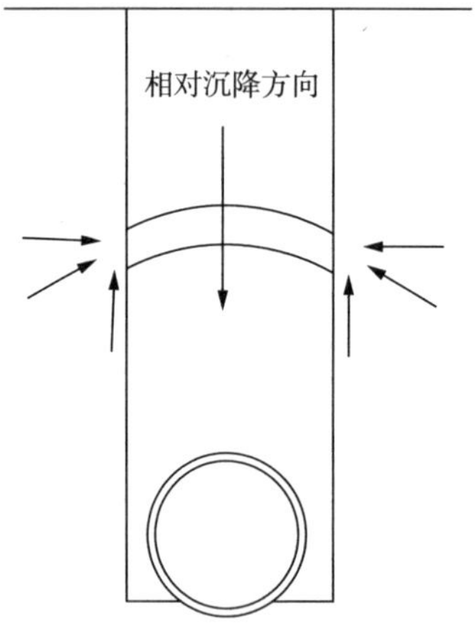

（a）有利的土拱效应

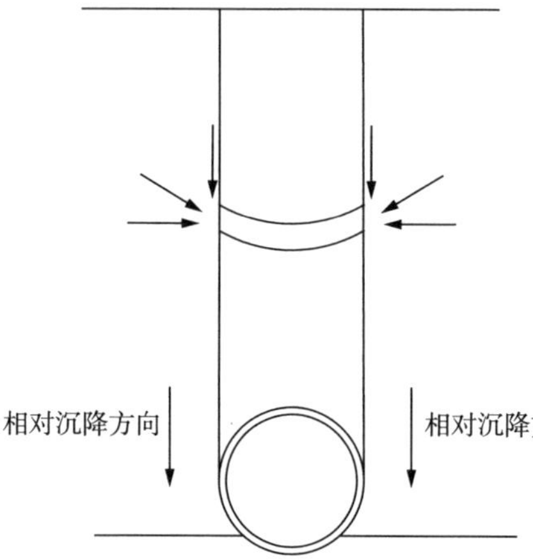
（b）倒置的土拱效应

图 2－15 埋管土拱效应（Spangler & Handy，1973）

2.4.2 假设

Marston 根据不同的管土作用特点建立了不同的计算模型。如果在土体内部或土体与管道之间没有发生相对运动，管道上的荷载等于覆盖层的荷载；然而，这种情况很少发生。Marston 假设有足够的位移来充分调动滑动面的剪切阻力，当相对运动发生后，即使运动已经停止，因存在运动的趋势，土拱效应也一直存在。Spangler and Handy(1973)利用现场测试数据验证了上述假设。Marston 在他的推导中使用的另一个假设是：回填材料和沟渠两侧之间的黏聚力是可以忽略不计的。这个假定使得计算结果为管道上的最大可能荷载，这为我们的设计目的提供了一个更安全的估计。

2.4.3 埋管设计

在地下结构荷载计算理论的发展过程中，拱作用被认为是在土体覆盖层的某一垂直平面上进行横向推力和竖向剪力的合力。利用 Marston 理论可以计算出土拱支持力的大小，它代表覆土自重与结构所受土体荷载之间的代数差值。

1. 沟埋式管道

对于沟埋式管道，取回填材料的水平薄层为研究对象，受力示意图如图 2 - 16 所示。

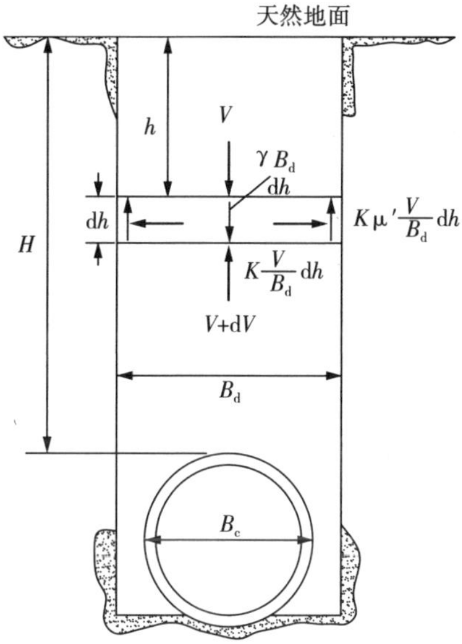

图 2 - 16 沟埋式管道分离体示意图(Spangler and Handy, 1973)

根据水平微单元上竖直向上和向下的力相等，可得到：

$$V+\mathrm{d}V+2K\mu'\frac{V}{B_{\mathrm{d}}}\mathrm{d}h=V+\gamma B_{\mathrm{d}}\mathrm{d}h \tag{2-30}$$

式中：K——侧压力系数，$K=\tan(45°-\varphi'/2)$，φ' 为回填土与原状土之间的内摩擦角；

V——微单元上的竖向应力；

$\mathrm{d}V$——微单元上的竖向应力增加值；

γ——土的重度；

μ'——回填材料与沟槽侧壁间的有效摩擦系数；

B_d——沟的宽度。

这是一个线性微分方程，其解答为：

$$V=C_d\times\gamma\times B_d^2 \tag{2-31}$$

式中：C_d——竖向土压力集中系数。

$$C_d=\frac{1-e^{-2K\mu'\frac{H}{B_d}}}{2K\mu'} \tag{2-32}$$

式中：H 为管道上覆土厚度。各种土壤下的 $K\mu'$ 值建议取值如下：无内聚力的沙质土取 0.1924；砂砾土壤取 0.165；湿润表土取 0.15；普通黏土取 0.13；湿润黏土取 0.11。

因此，对于相对填充材料刚度较大的刚性沟渠管道，其在管道上负载 W_c 可以推导得到：

$$W_c=C_d\times\gamma\times B_d^2 \tag{2-33}$$

式中：W_c——每延米管道上管顶的竖向土荷载标准值，kN/m。

土拱支持力的大小是回填重量与结构荷载之间的代数差。对于沟渠涵管来说，这个差异是：

$$\begin{aligned}A_s&=\gamma H-C_d\times\gamma\times B_d^2\\&=\gamma\times B_d\times(H-C_d\times B_d)\end{aligned} \tag{2-34}$$

式中：A_s 为拱支撑力（支撑力来自管道两侧土体）。当管道上的回填土中土拱效应激发时，在图 2-16 的自由体图中，回填材料分离体图的计算单元看起来像一个拱形的薄片[图 2-15(a)]。

上面情况适用于地下管道相对于土体介质是刚性的（即刚性导管），此时管道顶部负荷分布如图 2-17 所示，管道两侧的土体承担的荷载很小，刚性管道几乎承担了所有上覆土的荷载。

然而，对于柔性管道，或者管道两侧填充物完全夯实使得其刚度与管道本身刚度基本相同时，需由式(2-33)给出的 W_c 值再可以乘以系数 B_c/B_d 进行调整，其中 B_c 是管道的外径。上覆土层的荷载均匀分布在管道和管道旁的土体上。因此，柔性管上的荷载 W_c' 为：

$$W_c'=C_d\times\gamma\times B_c\times B_d \tag{2-35}$$

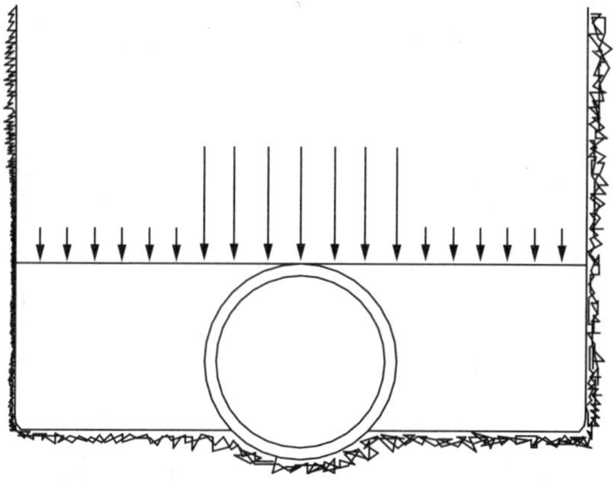

图 2-17 刚性管道荷载分布

需要强调的是，为了使式(2-35)适用，侧填充物必须充分压缩，使其在竖向荷载作用下具有与管道本身相同的抗变形能力。

在实际情况下，管道的荷载介于式(2-33)和(2-35)的结果之间，其大小取决于管道和侧填土的相对刚度。

2. 上埋式管道

土拱的发挥需要两个条件，一是有足够的埋深，二是有充分的相对位移，而相对位移的大小取决于上埋式管道上作用的土压力与管土的相对刚度和埋管的基床形式。剪切力随着相对位移产生，并与位移的方向相反，以阻碍位移的进一步发展。刚性管道和柔性管道上方内部土柱 *ABCD* 和相邻外部土柱之间的相对位移大小和方向如图 2-18(a)和图 2-18(b)所示。

Marston 综合这些沉降因素提出了一个简化指标，称之为沉降率：

$$r_{sd}=\frac{(S_m+S_g)-(S_f+d_c)}{S_m} \tag{2-36}$$

式中：r_{sd}——沉降比；

S_m——pB_c高度范围内两侧土柱压缩变形；

B_c——导管的外径；

S_g——天然地表沉降；

S_f——管道底部沉降；

d_c——管道自身垂直方向变形。

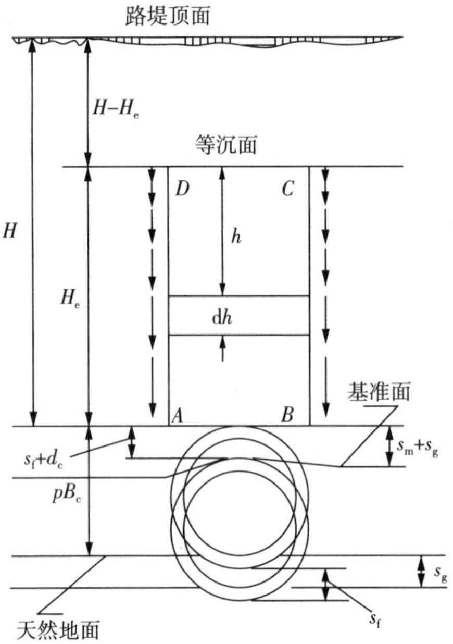

（a）刚性管道

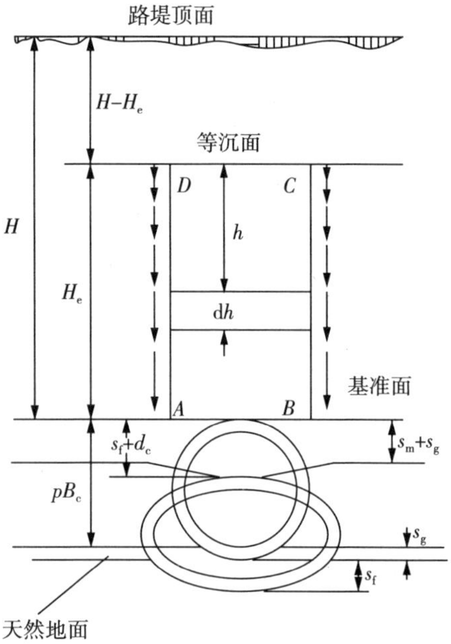

（b）柔性管道

图 2 - 18　上埋式管道相对位移

为方便分析，Marston 定义了一个基准面，即通过管道顶部的水平面，当填充物与顶部水平时，$H=0$。在路堤施工期间及施工后，此平面向下沉降。如果沉降量大于管道顶部，则 r_{sd} 为正值，如图 2 - 18(a)所示，外部土柱上的剪力相对于内部土柱向下移动，内棱柱上的剪力是向下的。此时，管道上的合力荷载大于管道正上方土体棱柱的重量。这种情况土拱效应增加了导管上的负载，土拱起拱方向向下。如果管道刚度相对于填充土体大，则起拱方向向下的土拱，土拱效应加载，也即前文提及的被动土拱情况。

如果临界平面沉降小于管道顶部的沉降，如图 2 - 18(b)所示，r_{sd} 为负值，这时内部土柱相对于外部土柱向下移动。内棱柱上的剪力是向上的，结构上的合力荷载小于结构上方土体的重量。这种情况土拱效应降低了管道的荷载，类似于沟埋式管道，这里是土拱起拱方向朝上。如果管道相对于回填土体刚度小，则起拱方向朝上的土拱存在，土拱效应卸载，也即前文提及的主动土拱情况。

上埋式管道根据管道埋深分为完全上埋式管道和不完全上埋式管道两种情况：

(1)完全上埋式管道

当 $H \leqslant H_e$ 时，内土柱两侧的剪应力发展到路堤顶部，将其称为"完全上埋式管道"，完全上埋式管道模型受力如图 2-19 所示。H_e 为管顶至等沉面的高度(m)，可按下式进行试算求解：

$$\left[\frac{1}{2K\mu}\pm\left(\frac{H}{B_c}-\frac{H_e}{B_c}\right)\pm\frac{r_{sd}p}{3}\right]\frac{e^{\pm 2K\mu\frac{H}{B_c}}-1}{\pm 2K\mu}\pm\frac{1}{2}\left(\frac{H}{B_c}\right)^2$$

$$\pm\frac{r_{sd}p}{3}\left(\frac{H}{B_c}-\frac{H_e}{B_c}\right)e^{\pm 2K\mu\frac{H}{B_c}}-\frac{1}{2K\mu}\times\frac{H_e}{B_c}\pm\frac{H}{B_c}\times\frac{H_e}{B_c} \tag{2-37}$$

$$=\pm r_{sd}p\frac{H}{B_c}$$

式中：r_{sd}——沉降比，对于上埋式管道，在岩基或硬质土上可取+1.0，在普通土壤中可取+0.7，在湿陷性土壤中可取+0.3。

p——埋深比，即管顶外侧至自然地面垂直距离与管子外径之比。

式(2-37)计算 H_e 比较复杂，Marston 认为等沉面处需满足管侧外土柱的总沉陷量须等于管道下基础或垫层的沉陷量和管道本身的变形量以及管顶内土柱的压缩量之总和，并据此提出 H_e 近似取 $2.25B_c$。

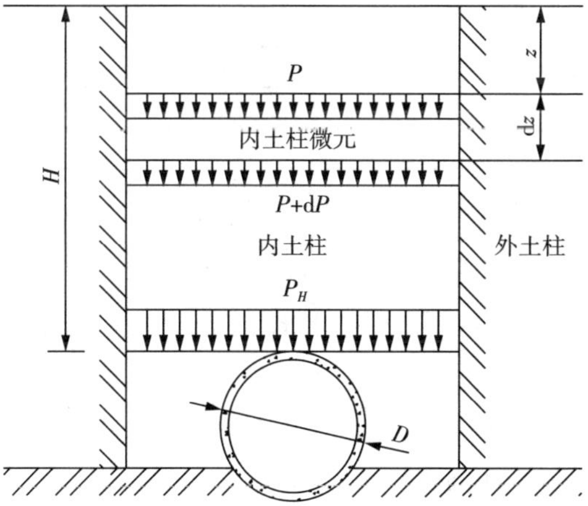

图 2-19　完全上埋式管道模型受力示意图

通过微单元在竖向的受力平衡，Marston 导出土拱效应下管道的荷载为：

$$V_c=C_c\times\gamma\times B_c^2 \tag{2-38}$$

式中：B_c——管道外径，m；

C_c——上埋施工土荷载系数，可按下式进行计算：

$$C_c=\frac{e^{\pm 2K\mu\frac{H}{B_c}}-1}{\pm 2K\mu} \tag{2-39}$$

式中：μ——为填充材料的摩擦系数，$\mu=\tan\varphi$；

H——管顶覆土深度，m。

式(2-39)中，当管道刚度大于填充土体时取正号；反之，当管道刚度小于填充土体时取负号。

图2-20展示了在同样的情况下，不同刚度的管道存在不同的负载。混凝土管(刚性管)上的荷载始终比直径近似相同的平行波纹钢管上的荷载大50%左右，即混凝土管比波纹钢管承受的荷载更大。

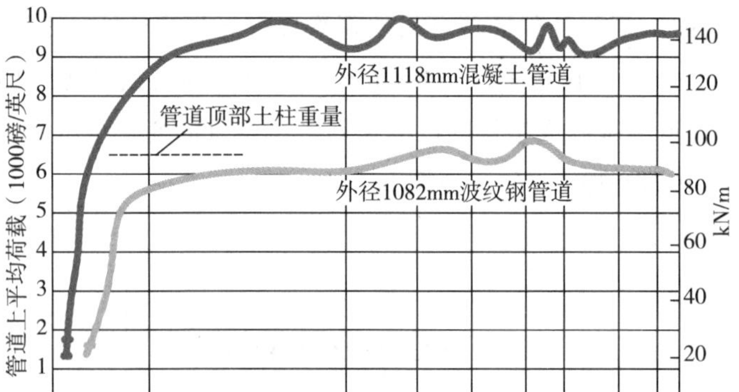

图2-20　刚性管和柔性管受荷比较

Marston研究结果表明，柔性管道上部垂直土压力小于其上覆土体自重，而刚性管涵上的垂直压力大于其上覆土柱体自重，并指出了管道与填土的相对刚度对管道的受力特性具有一定的影响。上埋式管道上作用的土压力与管土的相对刚度及埋管的基床形式等密切相关。

(2)不完全上埋式管道

当$H>H_e$时，滑动面不会发展到地表，此时为不完全上埋式管道，等沉面以上土体将呈均匀沉降，将等沉面之上的土柱重量$\gamma(H-H_e)$认为是作用在等沉面上的土荷重，受力如图2-21所示。

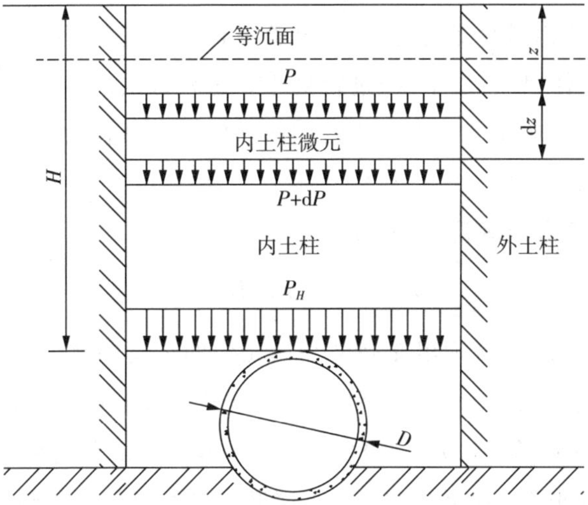

图 2-21　不完全上埋式管道模型受力示意图

管道顶部单位竖向土压力为：

$$V_c = C_c \times \gamma \times B_c^2 \tag{2-40}$$

$$C_c = \frac{e^{\pm 2K\mu\frac{H_e}{B_c}} - 1}{\pm 2K\mu} + \left(\frac{H}{B_c} - \frac{H_e}{B_c}\right) e^{\pm 2K\mu\frac{H_e}{B_c}} \tag{2-41}$$

需要说明的是，当沟埋式的开槽宽度远远大于管道直径时，沟埋式的土压力也可以按照上埋式管道计算。

3. 不完全沟埋式管道

为了减少刚性管道在土拱效应下的负荷，Marston 在 1920 年提出了上埋式管道类似沟埋式管道受力特性的施工方法，这里将其称为“不完全沟埋式管道”。Marston 的学生 Spangler 在此基础上提出一种新的埋地管道——“不完全涵管”，对管道采用先填后挖减载方法进行了试验研究，采用“中松侧实”填土法。不完全涵管利用拱的作用原理和拱的支护作用，使埋地结构的荷载降至最小。图 2-22显示了一个不完全沟渠涵管的布局。

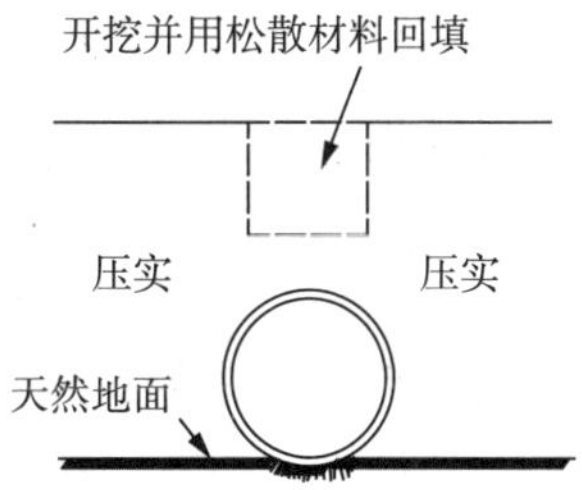

图 2-22　不完全沟埋式管道

如图 2-22 所示，不完全沟埋式管道施工过程中，该管道首先作为一个上埋式管道安装。然后，管道两侧和上方的土体回填土被压实至高于其顶部的指定高度。接下来，挖出与管子外侧水平尺寸相同宽度的沟槽，直至管道顶部附近，并用非常松散、可压缩的材料（如松散的土体、稻草或干草）进行处理。这种方法的目的是确保内部土柱比外部土柱沉降更多，从而产生内土柱两侧向上定向的摩擦力。这样就减少了导管上的合力负荷。

不完全沟埋式管道的荷载公式为：

$$V_c = C_n \times \gamma \times B_d^2 \tag{2-42}$$

式中：C_n 是一个负载系数，其为填充高度和填充沟的宽度的比值 H/B_c、管道高宽比 p 和沉降比 r_{sd} 的函数。Spangler 和 Handy 提供了几套使用不同的参数值时的 C_n 图（Spangler and Handy，1973，1982）。在不完全沟埋式管道情况下，沉降比 r_{sd} 总是一个负数，这意味着土拱效应总是将管道顶部的荷载传递给侧土介质（内土柱两侧的剪力方向总是向上的）。

沟埋式管道与不完全沟埋管道具有相同的作用，荷载分析过程相同，但计算时不完全沟埋管道采用浅沟渠的宽度 B_d 代替了沟埋式管道的宽度 B_c。

顾安全（1981）也研究了在管顶填筑柔性填料层的减荷措施，在填土施工中控制管顶填土的密实度，使其低于两侧填土的密实度，使得管道上方的内土柱沉降大于外土柱，这样，管道两侧的外土柱与管道共同承担管顶土柱重量。

顾安全假定减荷作用完全是由于柔性填料层顶面与“等沉面”以下 H_s 高的外土柱对内土柱产生的向上摩擦力所致，并忽略新填土的黏聚力 c 和柔性填料与填土之间的向上摩擦力。

将刚性的管道、基础与地基作为推导公式的基本情况。如图 2-23 所示，在等沉面以下深度 z 处的内土柱中，取 dz 厚之微分土体，从其竖向力的平衡条件得出：

$$D\sigma'_v + \mathrm{d}G = D(\sigma'_v + \mathrm{d}\sigma'_v) + 2\sigma'_v K f \mathrm{d}z \tag{2-43}$$

并近似地取管顶土压力：

$$\sigma_v = \sigma'_v + \gamma h_1$$

从而推得土压力的计算公式：

$$\sigma_v = \frac{1 - \mathrm{e}^{-2Kf\frac{H_s}{D}}}{2Kf} D\gamma + \gamma(H - H_s - h_1)\mathrm{e}^{-2Kf\frac{H_s}{D}} + \gamma^* h_1 \tag{2-44}$$

式中：f—— 填土的摩擦系数；

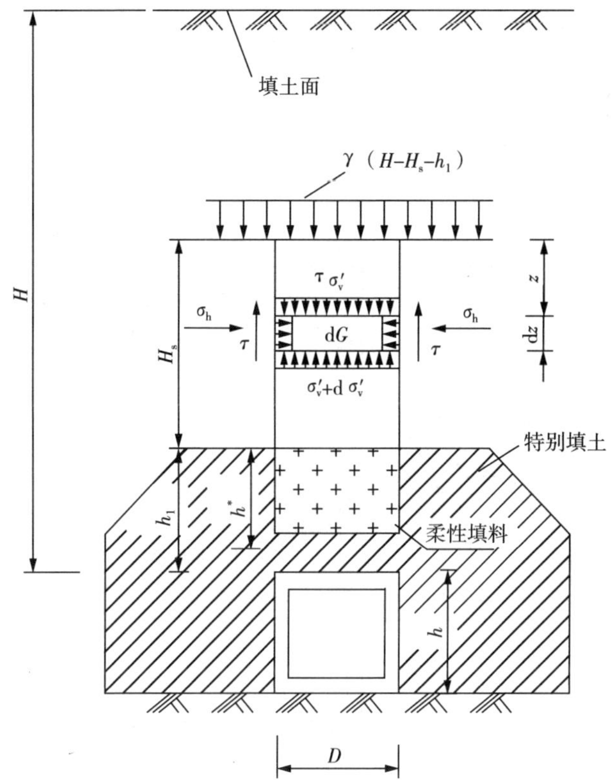

图 2-23　顾安全方法土压力计算图示

K—— 静止侧压力系数；

γ、γ^*—— 填土及柔性填料的容重；

H_s—— 等沉面高度。

等沉面高度的确定：由图 2-24 所示的等沉面高度定义可得：

$$\Delta'' + \Delta_5 + \Delta_1 + \Delta_3 = \Delta' + \Delta_4 + \Delta_0 + \Delta_2 \tag{2-45}$$

式中：$\Delta_2\Delta_0\Delta_4\Delta'$—— 依次为管道的地基、管道、柔性填料及其顶面以上高 H：土层的压缩变形量；

$\Delta_3\Delta_1\Delta_5\Delta''$—— 依次为管道两侧的且与 $\Delta_2\Delta_0\Delta_4\Delta'$ 依次对应的压缩变形量。

当管道、基础与地基均属刚性时，上式中的 Δ_0、Δ_2 与 Δ_3 均为零，则

$$\Delta' - \Delta'' = -(\Delta_4 - \Delta_5 - \Delta_1) = -\delta \tag{2-46}$$

由此推得：

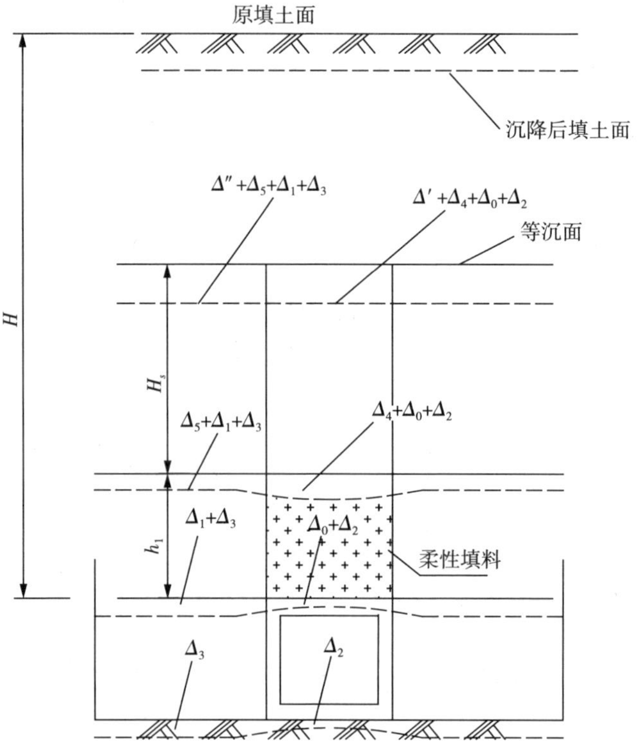

图 2-24　等沉面计算图示

$$\left(H+\frac{h}{2}\right)\frac{E}{E_{\mathrm{h}}}-\left[K_1\left(H-\frac{h^*}{2}\right)\frac{E}{E^*}-\left(H-\frac{h^*}{2}\right)\right]h^*$$

$$=(H-H_{\mathrm{s}}-h^*)\left[\frac{1-\mathrm{e}^{-2Kf\frac{H_{\mathrm{s}}}{D}}}{2Kf}D-H_{\mathrm{s}}\right] \tag{2-47}$$

式中：K_1、E^* —— 分别为柔性填料层中心平面上的土压力系数及变形模量；

E、E_{h}—— 分别为管顶以上填土及管道两侧同高度 h 之填土变形模量平均值。

2.4.4　侧压力系数(K)的讨论

1. 不考虑主应力旋转

侧压力系数(K)对松动土压力计算的精确性影响很大，太沙基在其主动拱试验中发现在活动门中心线上方1至1.5倍门的直径位置，$K=1.6$，在2.5倍及以上门的直径位置，K 值等于静止土压力 K_0，即：

$$K=K_0=1-\sin\varphi \tag{2-48}$$

Marston(1913) 以地下管道设计为背景，根据竖向、水平为主应力方向建议取朗肯主动土压力系数 K_a。然而，其他的研究人员，如 Krynine(1945)、Ladanyi and Hoyaux(1969) 和 Handy(1985) 发现，由于 K_a 是由水平和垂直应力为主应力的假设推导而来，使用 K_a 只在填充物与沟边之间没有摩擦(剪应力)、且垂直应力为主应力时才有效。然而，沟渠两侧存在摩擦力，沟渠中形成的土拱是由这种摩擦引起的。因此，不能使用朗肯主动土压力系数(K_a)。侧压力系数 K 大小应该根据应力扰动情况取值，其大小变化范围在主动土压力系数 K_a 和被动土压力系数 K_p 之间，这里：

$$K_a=\frac{1-\sin\varphi}{1+\sin\varphi} \tag{2-49}$$

$$K_p=\frac{1+\sin\varphi}{1-\sin\varphi} \tag{2-50}$$

假定沟渠的垂直侧有摩擦力，且土拱效应充分发挥，土体濒临破坏，剪应力等于抗剪强度(对于土拱效应没有充分发挥，土体抗剪强度没有充分利用的情况见第4章)，这里分两种情况进行讨论。

2. 主应力旋转，但水平力小于垂直力

从图 2-25 可以确定侧压力系数 K 值(Iglesia 等，1990)。

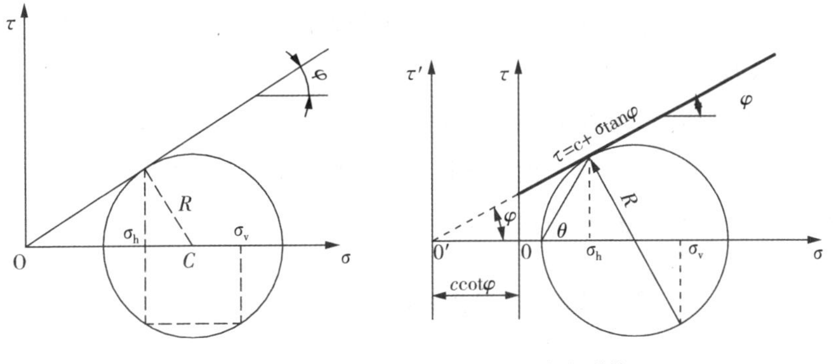

(a) 无黏性土(Iglesia等，1990)　　(b) 黏性土

图 2-25　地下管道设计侧压力系数计算图示

对于无黏性土，在图 2－25(a) 中，从坐标原点到莫尔圆中心的距离为 $OC=\frac{1}{2}(\sigma_v+\sigma_h)\sin\varphi$。如果沟渠垂直侧处于极限平衡状态，莫尔应力圆与破坏包络线相切，莫尔圆的半径为 $R=OC\cdot\sin\varphi$。由于半径 R 也可以表示为 $R=\frac{(\sigma_v-\sigma_h)}{2\sin\varphi}$，因此：

$$\frac{(\sigma_v-\sigma_h)}{2\sin\varphi}=\frac{1}{2}(\sigma_v+\sigma_h)\sin\varphi \tag{2-51}$$

式(2－51) 可以变换成以下形式：

$$\sigma_h=K\sigma_v \tag{2-52}$$

其中 K 为侧压力系数：

$$K=\frac{\cos^2\varphi}{1+\sin^2\varphi} \tag{2-53}$$

由式(2－53) 可知，此时侧压力系数必定小于 1。

对于黏性土，如图 2－25(b) 所示，根据图 2－25(b) 中线段的几何关系有：

$$\frac{(\sigma_v-\sigma_h)}{2\sin\varphi}=\left[\frac{1}{2}(\sigma_v+\sigma_h)+c\cdot\cot\varphi\right]\sin\varphi \tag{2-54}$$

将 $\sigma_h=K\sigma_v$ 代入式(2－54) 可得：

$$K=\frac{\cos^2\varphi}{1+\sin^2\varphi}-\frac{c\sin2\varphi}{\sigma_v(1+\sin^2\varphi)} \tag{2-55}$$

式(2－55) 表明，黏性土的侧压力系数不但取决于内摩擦角 θ，还与土体的黏聚力 c 以及土体应力状态相关。

3. 主应力旋转，水平力大于垂直力

图 2-26 中，假定沟渠垂直侧处于极限平衡状态，因主应力旋转，水平力 σ_h 大于垂直力 σ_v，同上一节的分析，易得：

$$\frac{(\sigma_h-\sigma_v)}{2\sin\varphi}=\left[\frac{1}{2}(\sigma_v+\sigma_h)+c\cdot\cot\varphi\right]\sin\varphi \tag{2-56}$$

将 $\sigma_h=K\sigma_v$ 代入式(2－56)，可求得侧压力系数 K：

$$K=\frac{1+\sin^2\varphi}{\cos^2\varphi}+\frac{c\sin2\varphi}{\sigma_v\cos^2\varphi} \tag{2-57}$$

由式(2－58)可知，此时侧压力系数大于 1。

对于无黏性土，黏聚力 $c=0$，式(2－57)可以简化为：

$$K=\frac{1+\sin^2\varphi}{\cos^2\varphi} \tag{2-58}$$

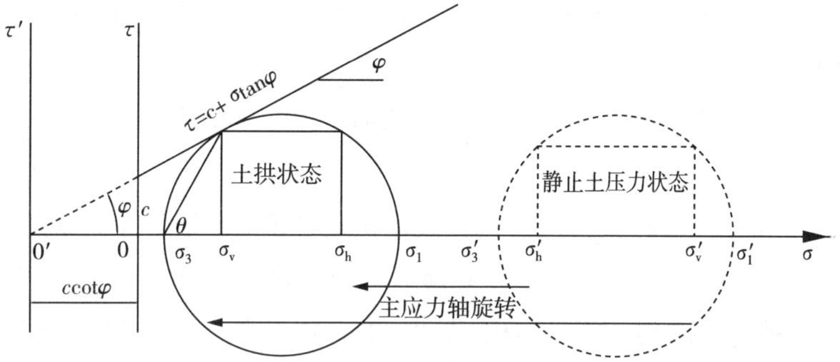

图 2－26　土拱效应单元体的应力状态变化

需要说明的是，本小结关于土拱效应下土体侧压力系数的讨论针对的是沟渠侧面垂直的情况，如果土体滑裂面非垂面，则以上侧压力系数公式不适合。另外，本小节关于侧压力系数的讨论针对的是土拱效应充分发挥的情况，而在大多数情况下，土拱效应只部分发挥，土中没有出现破坏面，土中剪应力小于抗剪强度，此时土体侧压力系数的计算将更加复杂，在后面章节再进行讨论。

2.5　地下圆顶土拱理论

Marston 等研究了地下管道的一般规律(Spangler，1964)。然而，关于预测包含柔性管、拱或拱顶的土体结构系统的承载力的信息很少。一些重要的、未被解答的问题如下：如果结构突然屈服，一个土拱在管道周围"立即"形成，为了确保土拱产生抗压屈服而非弯曲屈服，管道周围土体的强度和刚度必须满足什么样的条件？

为了找到答案，Whitman 等(1962，1963)对埋在粗糙干砂(静载)内的薄金属圆管进行了小规模试验。他们发现，使埋在地下的圆管破坏所需的压力是没有埋在地下的圆管破坏所需压力的几倍。他们认为，埋在地下的圆管结构上方已经形成了一个砂拱，其先于地下圆管结构承担了部分荷载。这就解释了为什么需要更高的压力来导致地下圆管的破坏。

在 Whitman 等人之后，一些研究人员提出了类似的"结构"假说，以解释在结构周围土体变形屈服后荷载的重新分布。在平面条件下，他们认为，当相邻的土体变形或屈服时，会在土体中形成一个拱形或环形。在空间条件下，土中会形成一个圆顶或球体，它们就会将荷载重新分配，仅将部分原有的覆盖层压力传递到实际的埋地结构本身。

图 2-27 显示了一些示例，这些地下圆顶模型是学者尼尔森（Nielson）于 1966 年提出的。

图 2-27(a)用来确定埋管上的拱，假设拱是圆形的，支撑位于最大剪应力处。后来，尼尔森将这种方法扩展到一些非圆形结构，图 2-27(b)是一个矩形的地下结构，他也将这种方法应用于三维结构[图 2-27(c)]。在三维的情况下，差异沉降形成了一个土体壳，土体内形成了承担部分覆盖层压力的拱结构，然而，他没有进一步尝试推导矩形情况和三维情况的解决方案（Evans，1983）。

关于地下结构承载能力的增强，Luscher 和 Höeg（1964，1965）提出了一项研究来分析在荷载作用下埋管与周围土体之间的相互作用，并将土体围绕地下结构的相互作用分为三种类型：压力重分布、变形约束和拱效应，这三种类型的抗变形作用简要说明如下：

(1)在 0 模态（刚体运动）或一阶模态（纯压缩）中，周围土体的反应被称为"拱"。管道内外的压力重新分布，根据管道和周围土体的相对刚度定义为主动拱或被动拱。

(2)二阶模态，即圆形变形为水平椭圆形，见图 2-28(a)，因竖向的变形和水平向的起拱线，土中应力重新分配，侧向被动土压力被激发。

(3)三阶模态和更高模态[图 2-28(b)]，通过约束使管在更高模态下而不是在不受支撑的情况下弯曲，增强了管道抗屈曲破坏的能力，这种作用被称为"变形约束"。在此过程中，钢管的抗屈曲性，也即钢管的承载能力显著提高。

这三种行为之间的区别并不是那么泾渭分明，判定有人为的因素在里面，因为这些影响是同时发生的，所以它们相互影响。在 Luscher 和 Höeg 关于埋置柔性管的试验中，他们得出结论，如图 2-29 所示，当管道发生变形时，在管道周围形成了一个土环。

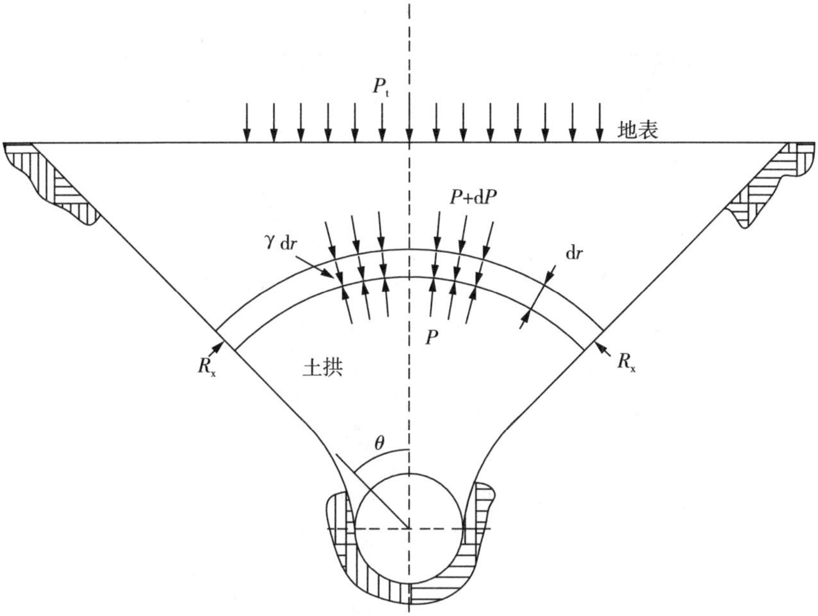

（a）埋设管道情况下的自由体

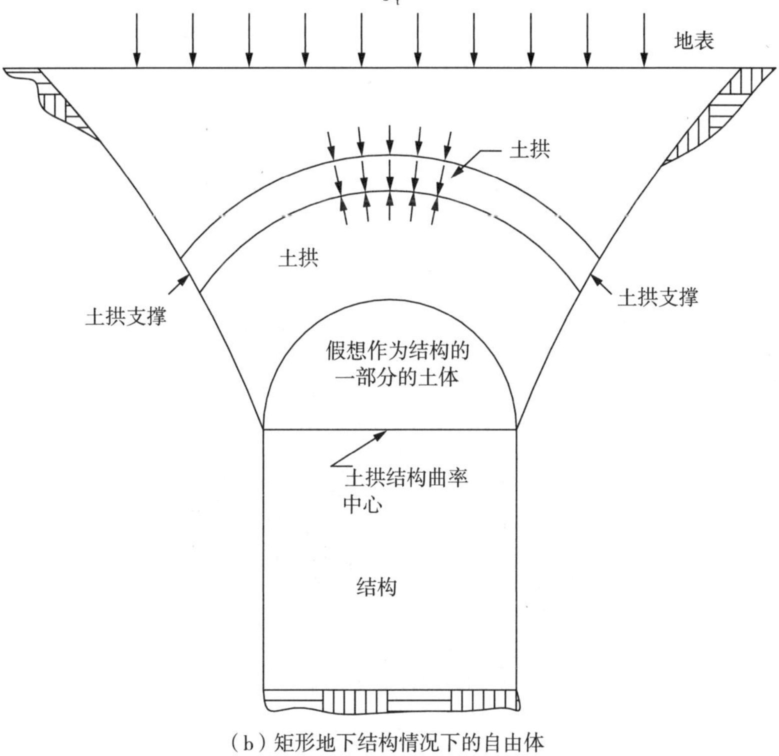

（b）矩形地下结构情况下的自由体

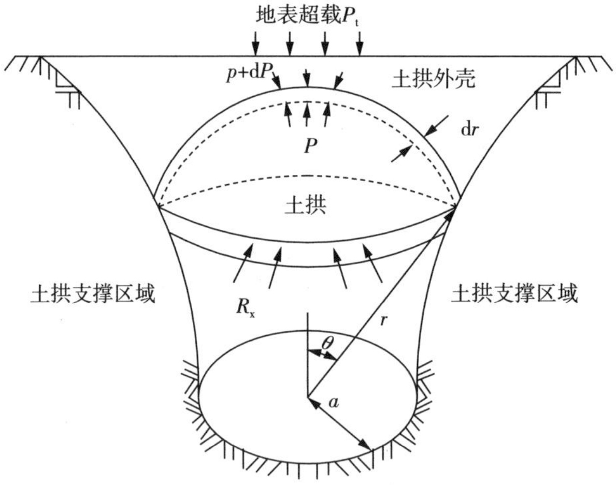

（c）三维结构自由体

图 2－27　地下圆顶模型

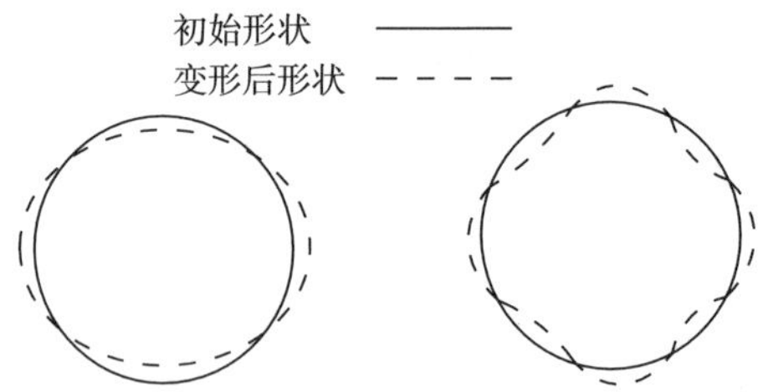

（a）二阶模态　　（b）四阶模态

图 2－28　管道变形模态示意图

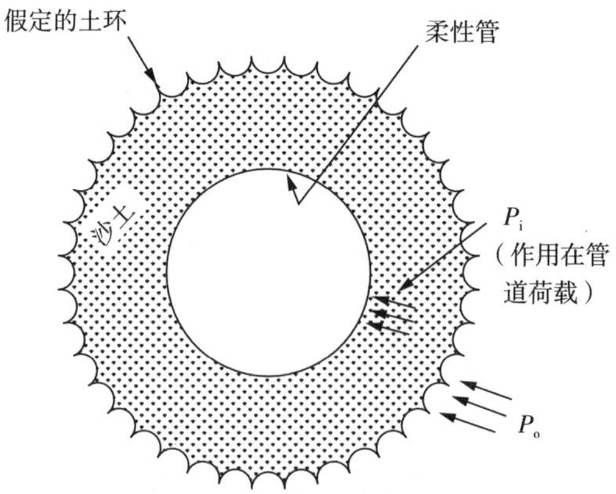

图 2－29　土环周围土拱示意图

Luscher 和 Höeg 认为，太沙基(1943)提出的垂直滑动表面概念(图 2－7 和图 2－8)应该被土环作用的概念所取代，即在土体中形成结构拱或圆顶。虽然在他们的研究中，是以干燥、无黏性的沙土为研究对象，然而，Luscher 和 Höeg 认为他们的结论适用于任何土体。

Getzler 等人(1968 年)在对具有不同屋顶形状的结构进行试验时也提出了拱的另一个结构形式。他们的试验设置如图 2－30 所示。

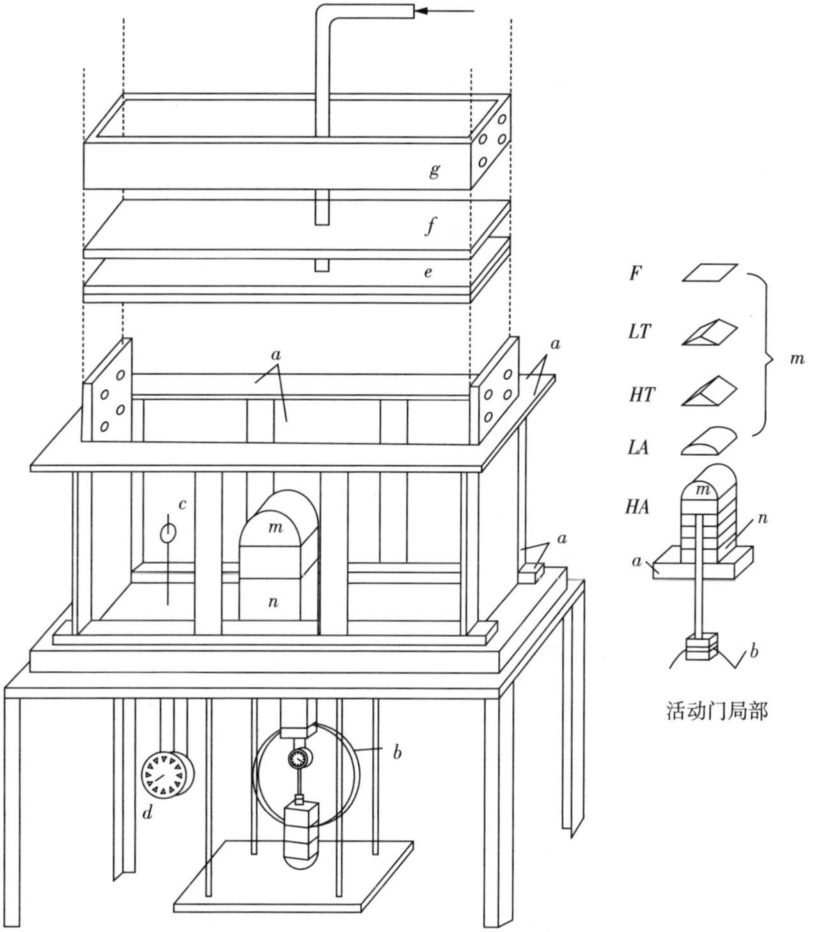

图 2－30　不同屋顶形状的活动门试验装置(Getzler et. al. ,1968)

他们提议在埋藏结构的顶部建一个土拱，土拱拱门坐落在土基上。他们在试验中得出了关于不同屋顶形状对地下结构影响的结论，认为拱形或三角形屋顶的地下结构比平顶结构承担的荷载减少更大。然而，他们在研究中，没有提出任何理论公式。1962 年，Whitman 等人也发现了类似的试验结果。在 Whitman 的试验中，在相同深度的土体覆盖下，平屋顶的总荷载比半球形屋顶高约 50%。Luscher 和 Höeg(1964)在他们的研究中也讨论了这个问题。他们认为，在分析作用于地下结构的应力时，顶板形状是一个需要考虑的重要因素。垂直滑动面的分析没有考虑到埋地结构的几何形状，但是土环法(图 2-29)考虑了埋地结构的形状。

上述土体结构方法为土体承载能力的提高提供了解释，也表明了土体与结构的相互作用。然而，这些方法很少在实际应用中使用。Selig(1975)发表了一篇论文，总结了土一结构相互作用的基本概念以及与埋地结构相关的应力和挠度的性质。他用属于“柔性”结构的波纹金属管埋在土中来验证“土一结构”分析的不同方法。他指出，上述方法从未得到充分发展。为了得到结果，工程师们不得不做出很多假设，比如拱形或穹顶的形状、支撑的位置、约束条件等。不同的假设下，结果可能会有很大的不同，因此，这些假设给工程师应用带来很大的不方便，也带来了很大的风险。

2.6　普氏压力拱理论

普氏压力拱理论由苏联学者 Protodyakonov 1907 年提出，他认为，在岩土中开挖隧道，隧道拱顶一部分岩土受到扰动而塌落，塌落后只有形成拱形才能稳定。该理论以散体力学为基础，对于深埋条件的松散体地层，地下空洞形成并发展至某一状态时，空洞上方形成抛物线形状的具有自稳能力的压力拱，此种情况下该理论具有较好的适用性。压力拱理论在我国现行的铁路、公路、地铁工程隧道设计规范中被广泛采用。

2.6.1　普氏理论的基本假定

普氏理论在自然平衡拱理论的基础上，作了如下的假设：

(1)岩体经开挖后形成松散岩体；

(2)隧洞开挖后土体发生主动破坏，在侧壁底部沿与隧洞侧壁夹角为$45°-\varphi/2$的方向产生两个滑动面，隧洞顶岩体通过调整本身强度自然形成一平衡拱，计算模型如图 2-31 所示；

(3)隧洞开挖后,上方围岩中能够自然形成稳定的普氏压力拱,作用在隧洞顶的围岩压力仅是自然平衡拱内的岩体自重,平衡拱以上的覆土重量由拱承担;

(4)普氏拱的隧洞顶岩体只能承受压应力,不能承受拉应力。

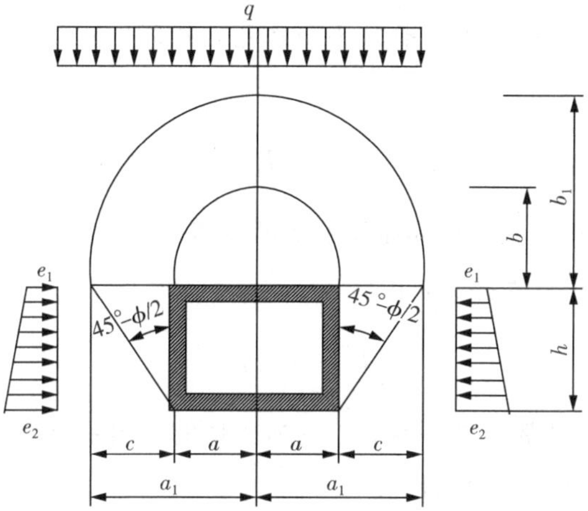

图 2-31 普氏围岩压力计算模型

2.6.2 普氏理论的计算公式

1. 自然平衡拱拱轴线方程的确定

要获得隧洞顶的围岩压力,确定平衡拱的位置是关键,为此必须先确定平衡拱轴线方程。

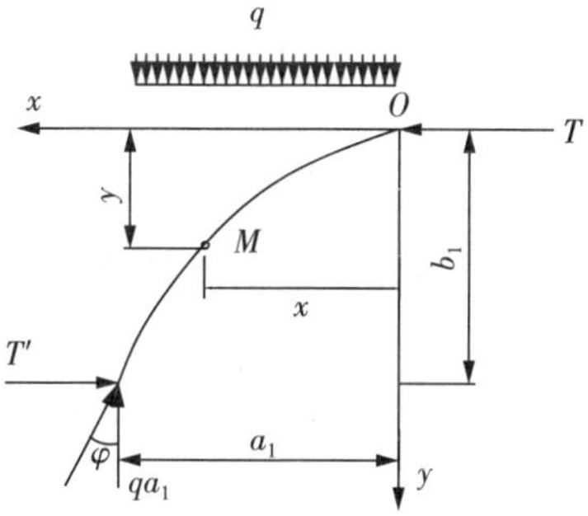

图 2-32 普氏平衡拱计算示意图

建立坐标系,x 轴为水平方向,y 轴为垂直方向,坐标原点在拱顶截面形心处。假定拱轴线是一条二次曲线,如图 2-32 所示。在拱轴线上任取一点 $M(x,y)$,依据拱轴线不能承受拉力的条件,则因岩体自重作用在平衡拱上的均布荷载和平衡拱拱顶截面的水平推力 T 对 M 点的弯矩之和应为零。

$$Ty-\frac{qx^2}{2}=0 \tag{2-59}$$

式中：q——拱轴线上部岩体的自重所产生的均布荷载；

T——平衡拱拱顶截面的水平推力；

x，y——分别为 M 点的横坐标、纵坐标。

方程(2-50)中存在两个未知数，还需建立一个方程才能求得其解。由静力平衡方程可知，上述方程中的水平推力 T 与作用在拱脚的水平推力 T' 大小相等，方向相反。即

$$T=T' \tag{2-60}$$

为了防止拱脚产生水平位移而使平衡拱破坏，拱脚的水平推力 T' 必须不超过拱脚垂直反力所产生的摩擦力，即：

$$T' \geqslant qa_1 f^* \tag{2-61}$$

式中：a_1 为普氏压力拱跨度的一半；f^* 为岩土体的坚固系数(普氏系数)，坚固系数反映的是围岩的强度，其定义如下：

(1) 对松散土及黏性土，$f^*=\tan\varphi$，即土体内摩擦系数；

(2) 对岩石，其强度由黏聚力和摩擦力两部分构成，即

$$\tau_f=c+\sigma\cdot\tan\varphi \tag{2-62}$$

为简化计算，一般采用增大内摩擦系数来替代黏聚力部分对强度的影响，将其称为岩石的坚固系数 f^*，又称为岩石的似摩擦系数。

$$\tau_f=f^*\sigma \tag{2-63}$$

整体性岩体坚固系数物理含义：

$$f^*=\frac{\tau_f}{\sigma}=\frac{c}{\sigma}+\tan\varphi \tag{2-64}$$

因此，f^* 是一个无量纲、反映岩土完整性的一个经验系数，为方便应用，普氏给出了不同岩性的普氏系数推荐值，或根据岩石的单轴抗压强度(MPa)的十分之一进行估值，即

$$f^*=\frac{R_c}{10} \tag{2-65}$$

式中：R_c——岩石的单轴抗压强度(MPa)。

普氏理论为了保证安全，取安全系数为 2，即将水平推力降低一半，则 $T' \geqslant \frac{qa_1 f^*}{2}$，将其代入(2－50) 式可得拱轴线方程为：

$$y=\frac{x^2}{af^*} \tag{2-66}$$

由式(2－66) 可知拱轴线方程是一条抛物线。当侧壁稳定时，将拱脚横坐标 $x=a$ 代入式(2－66)，可求得拱的矢高 b：

$$y=b=\frac{a}{f^*} \tag{2-67}$$

当侧壁不稳定时，将拱脚横坐标 $x=a_1$ 代入式(2－66)，可求得拱的矢高 b_1：

$$b_1=\frac{a_1}{f^*} \tag{2-68}$$

式(2－67) 和(2－68) 中 b、b_1 分别为侧壁稳定与不稳定时拱的矢高，即普氏压力拱的最大高度；a、a_1 分别为侧壁稳定时和侧壁不稳定时普氏压力拱的跨度的一半。各参数如图 2－32 所示。

a_1 可按下式计算：

$$a_1=a+h\tan(45°-\varphi/2) \tag{2-69}$$

式中：h—— 隧道毛洞高度；

φ—— 岩土体内摩擦角。

获得平衡拱轴线方程后就可以求出隧洞顶到拱轴线的距离，进而求取平衡拱内岩体自重，该自重就是围岩作用在隧道拱顶的荷载。

2. 普氏围岩压力的计算

如上所述，普氏理论认为，作用于隧洞顶部的围岩压力为压力拱内部岩体的自重，因拱轴线为抛物线形状，所以隧洞顶部围岩压力非均值，必然呈现出中间大、两边小的特征。但在实际工程中，为了简化分析并保证安全，一般采用均布荷载来进行设计计算，并将隧洞顶的最大围岩压力作为设计值。据此，普氏围岩压力(kPa)计算公式如下：

$$\sigma_v=\gamma b_1=\frac{\gamma a_1}{f^*} \tag{2-70}$$

式(2－70)表明，土中竖向应力与跨度成正比，与普氏坚固系数 f^* 成反比，而与隧道的埋深无关(埋深需满足成拱条件)。

普氏围岩压力理论中的侧向压力按主动土压力计算，即

$$\sigma_R^1 = \gamma b_1 K_a = \gamma b_1 \tan^2(45^\circ - \varphi/2) \tag{2-71}$$

$$\sigma_R^2 = \gamma(b_1 + h)\tan^2(45^\circ - \varphi/2) \tag{2-72}$$

式中：K_a—— 主动土压力系数；

σ_R^1、σ_R^2—— 洞室拱顶和拱底处的侧向压力。

根据普氏理论设计计算的原理可知，在应用该理论时要注意其适用条件，即是否存在压力拱，能否自稳，这就要求隧洞要有一定的埋深。当然，是不是隧洞埋深越大，普氏理论适用性就越强呢？这也不一定，当隧洞埋深过大时，因土拱效应的发挥，岩体应力向两侧转移，发生破坏的位置将首先出现在隧洞两侧，这样，普氏压力拱理论也不适用了。

2.6.3 普氏理论评述

如前所述，为了简化分析，普氏理论作了较多假定，如果工程实际情况与假定存在明显不符，则会出现较大的误差，具体情况如下：

(1) 普氏理论将围岩看作散粒体与实际不符，绝大多数岩体都有很强的整体性，且可以承担一定的拉应力。

(2) 为计算拱脚推力，引入了反映岩体强度的岩体坚固系数 f^*，但岩体坚固系数既与岩体的特性 c 和 φ 相关，也与岩体应力状态相关，因此岩体坚固系数不是一个定值，没法通过试验来测定。

(3) 据普氏理论，隧洞顶部围岩压力最大，最容易出现破坏，而在实际工程中隧洞的破坏往往从两侧开始。现有研究表明，随着隧洞埋深的增加，围岩压力因土拱效应的发挥从拱顶向两侧转移，破坏位置也相应从拱顶逐渐转移到两侧。

(4) 普氏理论表明，隧洞围岩压力取决于压力拱下岩体重量，只与其跨度有关，而与断面形式及隧洞埋深无关，而实际上隧洞围岩压力随着深度的增加而增加。

因此，有人对普氏理论提出了疑问，怀疑压力拱是否真实存在。其实，上述问题的出现均是由于普氏理论提出的假定条件与实际不符造成的。因此，使用普氏理论时必须注意设计计算对象是否与公式中的假定条件相符，也即围岩是否可以

看作是没有内聚力的散体、隧洞围岩中是否能够形成能自稳的压力拱、围岩是否存在明显偏压现象及岩体的牢固系数 f^* 选择是否合适等。总之,假如工程实际状况与普氏理论中提出的假定条件吻合,则可以获得较为满意的计算结果。

综上所述,能否形成压力拱是普氏理论应用的基本前提,如果工程中存在以下状况,因不能形成压力拱,则不能以普氏理论计算岩体压力:

(1) 岩体太软弱,其坚固系数 $f^* < 0.8$,如淤泥、粉砂土、饱和软黏土等;

(2) 隧洞埋深 H(由隧洞顶衬砌顶部至地表竖直距离) 太小,与压力拱矢高 bl 或跨度比较,$H < 2 \sim 2.5b_1$,或 $H < 5a_1$;

(3) 采用明挖法施工的地下隧洞。

2.6.4 普氏理论和太沙基理论比较

根据前文分析,普氏公式只适用于完全成拱的深埋隧道($H > 2 \sim 2.5b_1$) 情况,如果隧道埋深较浅,或隧道周边为不能形成压力拱的松软地层,洞顶围岩不可能形成自然平衡压力拱,这种情况下必须按浅埋隧道的破坏模式进行松动土压力分析,如太沙基松动土压力理论。

根据本章第三小节的内容,太沙基垂直土压力计算公式:

$$\sigma_v = \frac{B_1\gamma - c}{K\tan\varphi}\left(1 - e^{-\frac{K\tan\varphi \cdot D_1}{B_1}}\right) + \gamma D_2 \cdot e^{-\frac{K\tan\varphi \cdot D_1}{B_1}} \tag{2-73}$$

对于深埋隧道,可近似认为 $D_1 \to \infty$,上式可简化为:

$$\sigma_v = \frac{B_1\gamma - c}{K\tan\varphi} \tag{2-74}$$

太沙基根据试验结果得出,$K=1$;对于无黏性土,$c=0$,并以 f 代替 $\tan\varphi$,由式(2-74) 得:

$$\sigma_v = \frac{B_1\gamma}{f} \tag{2-75}$$

式(2-75)和普氏理论中的垂直应力公式(2-70)形式上完全一致。这说明,在深埋情形下,太沙基理论的计算结果与普氏理论的计算结果实质上是一致的。

太沙基理论考虑了隧洞尺寸、埋深及岩石的黏结力和内摩擦角等因素对岩体稳定性的影响。一般认为太沙基理论适用于隧洞埋深较浅的情形。

2.7 本章小结

经典土拱理论是土拱进一步深入研究的基础，经典土拱计算理论可概括为微分单元法与合理拱轴线法两种方法，Janssen 连续介质模型和太沙基土拱理论是微分单元法的代表，普氏压力拱理论是合理拱轴线法代表。本章对各经典土拱理论进行了系统的介绍，并对侧向土压力系数进行了讨论，对不同土拱方法应用场合以及存在的问题进行了分析和点评。

第 3 章　土拱效应解析计算方法

3.1　概　述

土拱研究常用的方法包括经验方法、解析法和数值分析方法，使用经验方法的好处是“快速”和“简单”，如上一章提到的经典土拱理论。但经验方法是根据历史经验以及与所设计的结构相似的施工方法中得出的，一般只适用于特定的土质条件和特定结构；而且，经验方法的一些假设可能是不现实的，例如太沙基理论对松动区域的假设，以及松动区域力的简化平衡方程。此外，有些假设在某些情况下甚至是不正确的。例如，太沙基为简化分析，假定侧压力系数为常数、滑动面为垂面等，这些假设很明显是与实际不符的。因此，应将经验方法与其他分析方法相结合，以证实其结果的有效性。本章将介绍几种土拱效应解析计算方法，以严密的解答来描述土体行为，为深入研究土拱效应下土体的应力和变形提供理论基础。

3.2　使用弹性理论的连续介质方法

为了简化对地下结构的力学行为分析，通常采用连续介质方法对地下结构进行处理。连续体应力分布的确定通常基于弹性理论。换句话说，假定地质材料和地下结构的力学行为是弹性的。然而，一些研究人员并不认为基于弹性理论的解能够描述地面结构系统的真实力学行为，因为大部分由地面结构系统引起的变形是非弹性的，只有当土体发生很小的变形时，用弹性理论从连续介质中获得的理论解才能比较好地描述土体的力学行为。当我们试图描述地层中的拱效应时，这种现象尤其普遍,因为拱效应主要发生在一个具有塑性变形的地层结构系统中。本节介绍弹性解。

Finn(1963)提出了由活板门平移或旋转引起的垂直应力变化的解决方案,假定土呈平面应变状态,把半无限的弹性介质(土体)放在刚性介质(边界)上,水平边界上有一个活板门,如图 3-1(a)和(b)为其分析中的两个边界条件。图 3-1(a)为

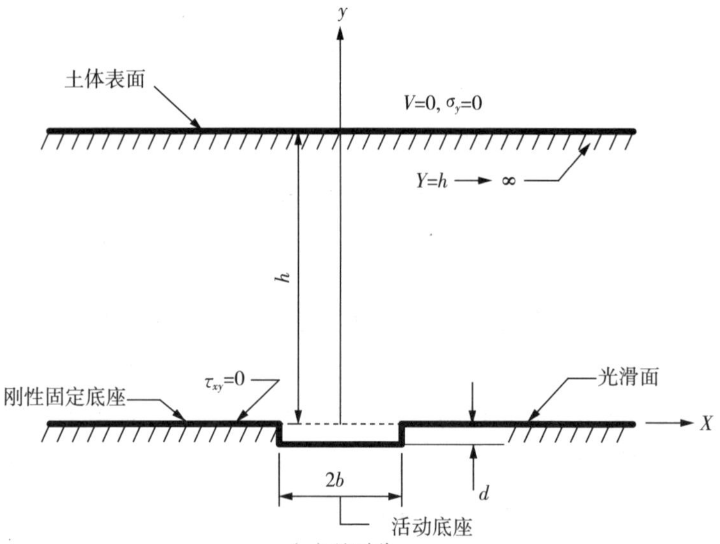

(a)纯平移

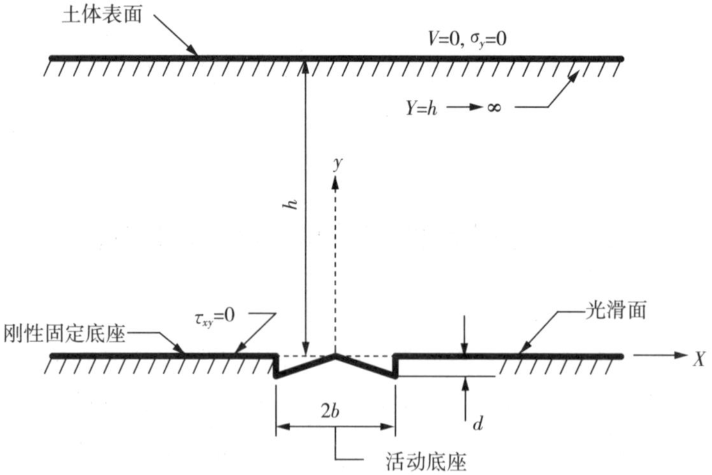

(b)纯旋转

图 3-1 Finn(1963)理论几何及边界条件(Finn,1963;Tien,1996)

纯平移情况，图 3－1(b)为纯旋转情况。在这些图中，假定地表的垂直位移(v)和垂直应力(σ_y)都等于零。以土体为弹性介质，忽略土体本身重量，只考虑因活动门移动产生的应力。刚性底座首先被认为是无摩擦的($\tau_{xy}=0$)[图 3－1(a)(b)]，随后被处理作有摩擦且是有黏性的。活动门的宽度为 $2b$。假定土体的深度是无限的($h\to\infty$)。活动门的位移是 d。需要说明的是，Finn 的分析仅适合于解决土体位移非常小且完全有弹性的问题。

向下平移活板门时垂直应力变化的典型分布如图 3－2 所示。在活板门边缘附近会产生无限大的拉伸应力，而在门旁边的基座会产生无限大的压缩应力。由 Finn(1963)的弹性理论得出的结果与已经发表的试验和现场结果进行了对比，其应力分布、合力的近似位置以及分析预测的位移类型的影响与试验和现场结果一致(Finn，1963)。然而，确定这些值的一个大难题是活动门的位移 d。这些预测结果只适用于非常小的 d 值。

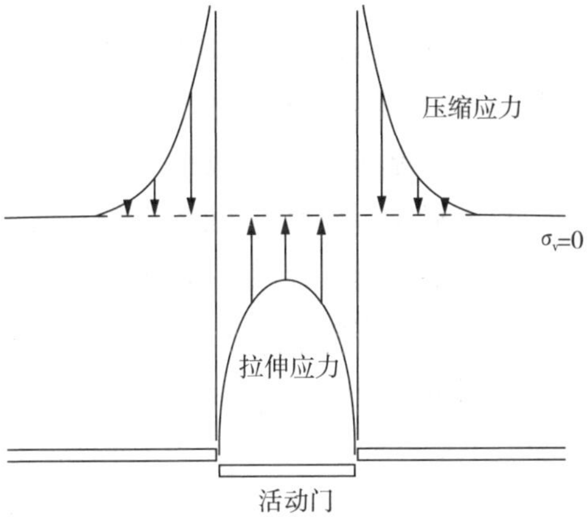

图 3－2　活动门向下平移竖向应力变化规律((Finn，1963；Evan，1984)

Finn 还将他基于弹性理论的解决方案应用于挡土墙的分析。图 3－3 所示的挡土墙布局与图 3－1(a)的设置相似，但活动门改为垂直的挡土墙。挡土墙的水平位移相对于活动门的垂直平移，但对墙体产生的压力仅为活动门上压力的一半(图 3－3)。

在上述方法的基础上，Finn 发现在挡土墙上产生的压力分布与 Taylor 方法(1948)的结果相一致。他建议将他的平移和旋转解结合起来，可以用来预测一般挡土墙的应力分布。

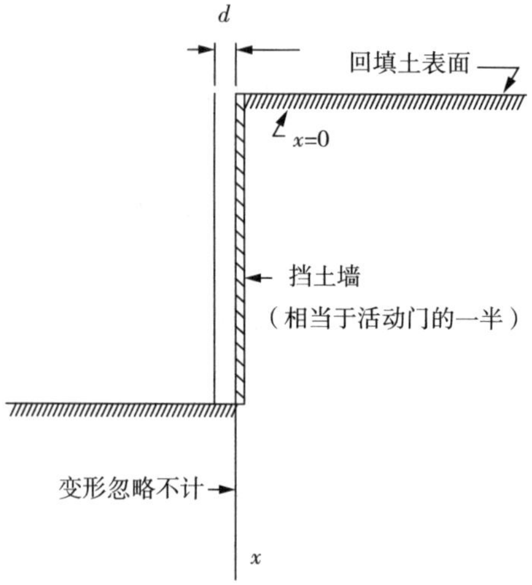

图 3－3　Finn 理论在挡土墙中的应用

在 Finn 的研究中，土体的深度被假定为无限的，而在实际工程中土体深度都是有限的，这就限制了对工程问题求解的精确性。

Chelapati(1964)提出了一项基于 Finn 模型的研究，同样假设土体是均匀的、弹性的、各向同性的介质，但他做了一些改进，可以分析有限深度 h 土体的应力，考虑了土体自重，并且 Chelapati 假定地面存在超载，即 $\sigma_y=P_0$。Chelapati 分析的几何和边界条件如图 3－4 所示，除了有限深度(h)和存在地表均布压力(P_0)与 Finn 模型不同外，其与图 3－1(a)中的 Finn 分析基本相同。

利用图 3－4 所示的模型，Chelapati 将由活动门引起的屈服应力和因材料自重及地面超载(P_0)引起的应力进行叠加。由于他在研究中以粒状土体为研究对象，而粒状土体不能承受拉力，因此假定任何有拉力的地方都为零。Chelapati 理论模型其向下平移活动门产生的垂直应力分布如图 3－5 所示(图中，H 为土体深度，B 为活动门宽度)。

图 3－5 显示，活动门边缘的无限应力问题仍然存在。为了减小靠近活动门上的压应力，并使边界上的总垂直力没有净变化(边界包括活动门和底座)，Chelapati 在研究中采用级数展开的方法来寻找解析解，并将计算结果以图形进行直观展示，以揭示松动土压力随着 H(土体深度)、B(活动门宽度)、P(土体自重 γh 及地面超载 P_0)、E(杨氏模量)、μ(泊松比)等参数的变化规律。在实际应用中，泊松比 μ 的影响大部分情况下可以忽略。

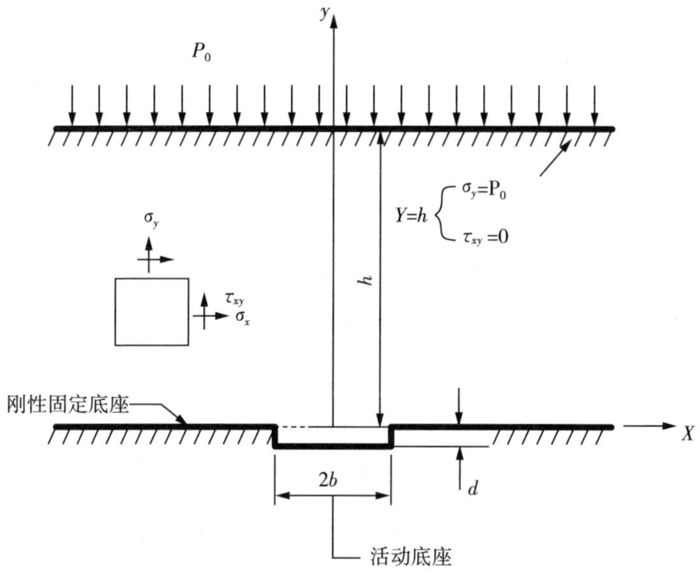

图 3-4　Chelapati 理论土拱分析几何及边界条件

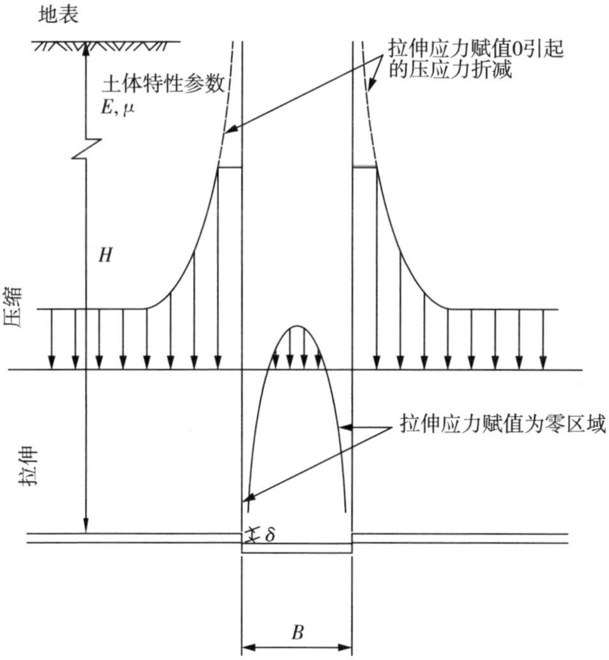

图 3-5　Chelapati 土拱效应下竖向应力的弹性解答(Chelapati,1964;Evan,1984)

Bjerrum 等(1972)对 Chelapati 的弹性解做了进一步扩展，得到了位于刚性水平边界内的柔性截面中心垂直压应力变化的近似值。Bjerrum 模型的应力分布如图 3－6 所示。

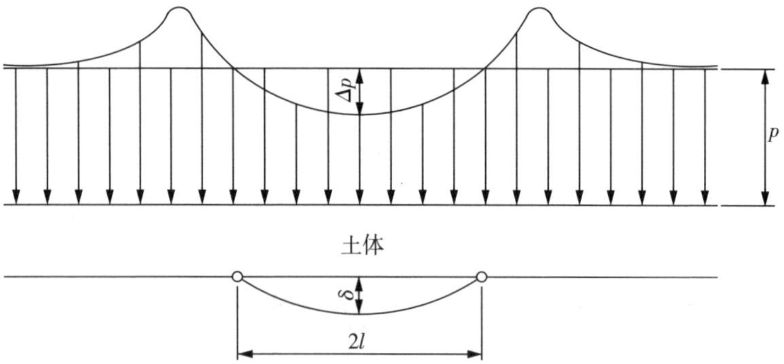

图 3－6　Bjerrum 等的土拱模型(Bjerrum 等，1972)

中心垂直压力的变化表示为：

$$\Delta p \approx \alpha(\delta/l) \times E \tag{3-1}$$

式中：δ——活动门位移量；

l——活动门的半宽；

E——杨氏模量；

α——系数，变化范围 0.3～1.0，其大小取决于土体埋深 h、活动门的半宽 l、活动门位移量 δ 和 μ。

由上式可知，压力随杨氏模量的增大而增大。因此，密砂比松砂的压力变化更大，砂比粉砂、粉土或黏土的压力变化更大，这一结果与实际工程实例的观测结果相吻合。

需要说明的是，该公式仅限于 Δp 值较小的情况。因此，如果在实验室和现场观察到出现较大的应力降低时，这个公式的准确性是值得怀疑的。

Burghignolii(1981)使用了 Bjerrum 等人(1972 年)的拱形模型进一步研究了带有柔性拱顶(crowns)的矩形地下开口周围地层的应力重分布。在他的理论分析中，假设土体和拱顶为线性弹性材料，将隧道顶部作为刚性底座的柔性部分(图 3－6)。换句话说，他将柔性截面(拱顶)在刚性边界内的弹性特性融入拱分析中。Burghignoli 分析了隧道拱顶支护与上覆土的相互作用，在分析隧道结构时，需要进行迭代计算，因为在拱顶中心处的变形(δ)必须首先假设[见式(3－1)]，如果假定的位移合理，则直接得到 Δp 准确的结果；如果假定的位移有偏差，则经过几次迭代后也会取得满意的结果。

3.3　采用塑性理论的连续介质方法

弹性理论为简化分析，采用了一些不合理的假定，例如，土体不是完全弹性的材料，也不会沿着活动门边缘向上的垂直平面进行剪切。这些不合理的假定使得采用弹性理论推导出来的结果是不精确的。这种不合理引起的偏差在大量的工程实际和土压力实验中也得到了证实。

Peck(1975)质疑了假定弹性行为土拱分析的适用性，他认为："与建筑有关的地面变形，特别是在软土中，土体受到的压力很可能远远地超过了弹性限度"。Evans(1984)也提到了弹性假设的不适宜性，他认为，弹性理论不能很好地描述拱的行为，这些不合理的假设将导致预测值大于现场和实验室测量的结果。Evans基于弹性理论模型提出了自己的理想化模型，并应用库仑破坏准则和相关性流动准则，使用塑性理论解决了在颗粒土体中移动活动门的问题。

Evans 假定土体各向同性，无黏性，且均一。模型中的材料均一，其垂直方向厚度有限(H)，水平方向范围无限，位于包含活动门的底座上。此活动门可以被抬高或降低，活动门宽度为 B，假设符合平面应变条件，如图 3－7 所示。他的模型与弹性理论相似，只不过弹性理论中采用传统的弹性力学应力-应变方程表达土体在塑性区内的行为。

传统的弹性应力-应变方程理论控制了土体在弹性区的特性，而破坏准则和塑性流动规则控制了在塑料区域内土体特性。在 Evans 的塑性解答中，有两个主要因素控制着底部有活动门的土体的变形。其中，一个因素是活动门运动的方向。如果活板门远离土体向下移动，土体松弛，那么这就是主动土拱的情况。如果活动门向上移动挤压土体，那么这就是被动土拱的情况。另一个影响因素是膨胀角 υ，膨胀角 υ 是塑性势能与水平线的角度，塑性势能是一条定义为垂直于所有塑性应变增量向量的曲线。膨胀角 υ 代表塑性应变增长矢量的方向，当膨胀角 υ 等于零时，体积不发生变化，当 υ 大于零时，材料体积膨胀。

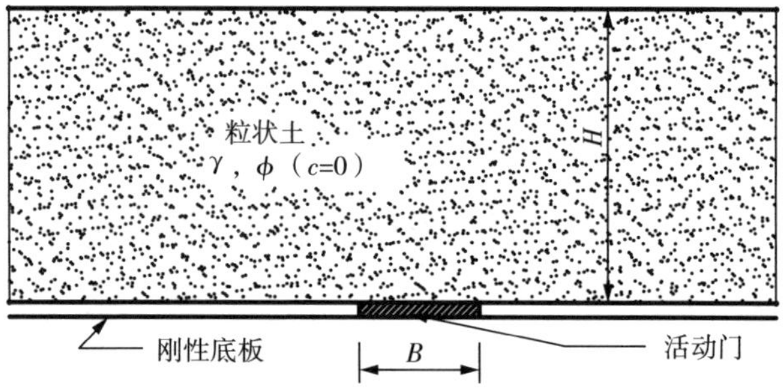

图 3-7　Evans 活动门理想化模型

随着活板门的移动或转动，变形土体的平衡条件和应变-位移关系必须自始至终满足。此外，土体内任何点要么处于弹性状态，要么处于塑性状态，这取决于材料的强度是否可以承担经过该点的任何平面上的应力。通过材料失效准则可以判断弹性区和塑料区。对于颗粒材料，存在许多失效准则，最广为人知的是摩尔-库仑准则，如图 3-8 所示，无黏聚力的线性包络线，应力状态落在包络线上的平面必须与主应力呈 $\pm 45° - \varphi/2$ 的夹角方向。

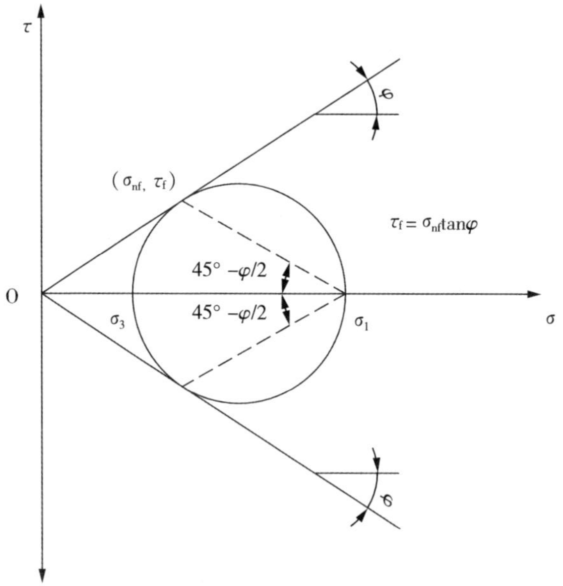

图 3-8　摩尔-库仑破坏准则

图 3-9 显示了摩尔-库仑准则下，考虑速度特性的法向应力和切向应力的关

系为：

$$\tau = \sigma_n \frac{\cos\upsilon\sin\varphi}{1-\sin\upsilon\sin\varphi} \tag{3-2}$$

当膨胀角 $\upsilon=\varphi$ 时

$$\tau = \sigma_n \tan\varphi \tag{3-3}$$

当膨胀角 $\upsilon=0$ 时

$$\tau = \sigma_n \sin\varphi \tag{3-4}$$

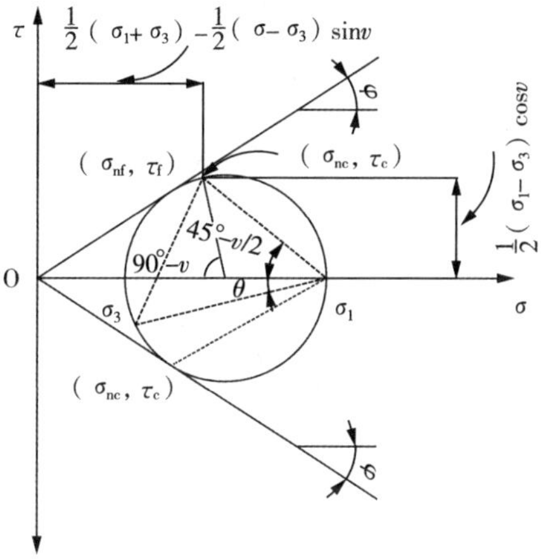

图 3　9　考虑速度特性的摩尔应力圆

3.3.1　主动土拱作用在活动门上的松动土压力

埃文斯利用塑性理论揭示了很多和弹性理论不同的计算结果。在主动土拱中，当膨胀角 υ 大于 0 时，活动门上方的土体棱柱向下移动，土体棱柱的形状为三角形，如图 3-10(a) 所示。然而，当在主动土拱情况下 υ 等于 0 时，土体棱柱的形状是矩形的[图 3-10(b)]，此时和太沙基(1943) 的研究情况类似。

(1) 当膨胀角 $\upsilon=\varphi$ 时

当 $\upsilon=\varphi$ 时，则自由体的剪应力：

$$\tau = \sigma_n \frac{\cos\upsilon\sin\varphi}{1-\sin\upsilon\sin\varphi} = \sigma_n \tan\varphi \tag{3-5}$$

自由体受力如图 3-10(a) 所示，图中 $N=\sigma_n \dfrac{dh}{\cos\upsilon}$，$T=\tau \dfrac{dh}{\cos\upsilon}$，$A$ 为自由体的面

积。根据作用在微分体的每个滑动面上的剪切力(T)和法向力(N),其垂直分量大小相等、方向相反,不产生净垂直力。因此,作用在活动门上的力仅仅是自由体本身的重量,由此可得:

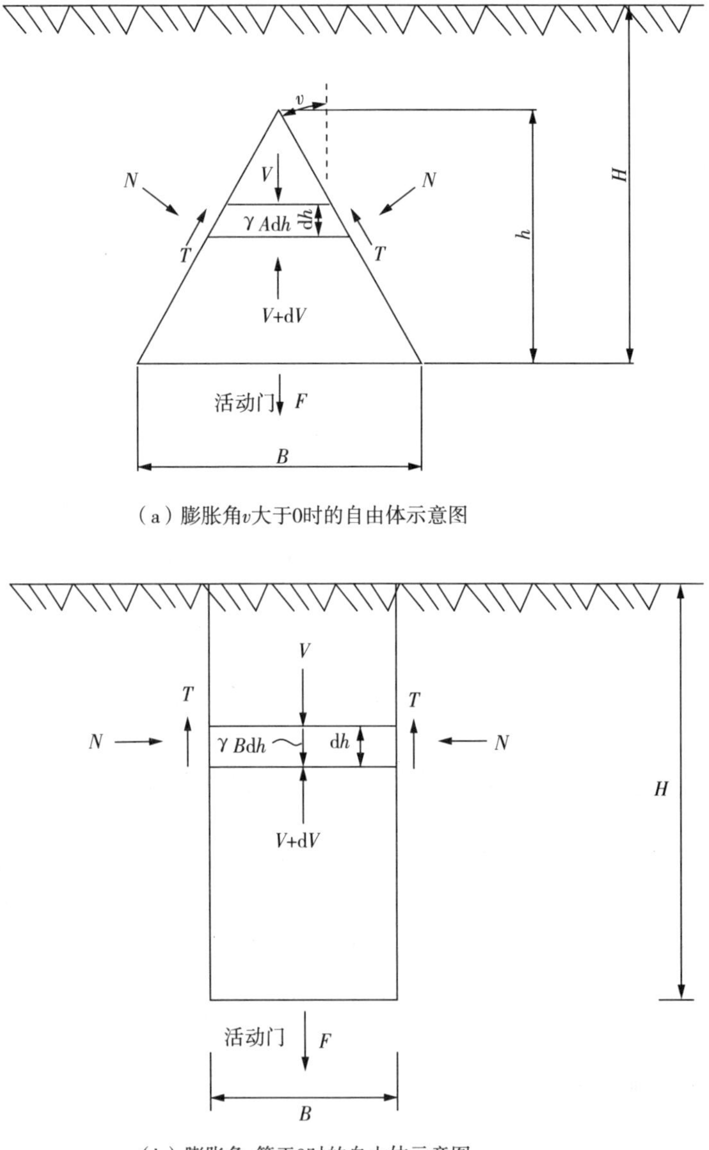

图 3-10　Evans 塑性理论模型主动土拱自由体示意图

$$当\ B/H \geqslant 2\tan\upsilon \quad F=\gamma B^2/4\tan\upsilon \tag{3-6}$$

$$B/H > 2\tan\upsilon \quad F=\gamma BH[1-(H/B)\tan\upsilon] \tag{3-7}$$

这里，F 指垂直于平面单位长度的力。

(2) 当膨胀角 $\upsilon=0$ 时

当 $\upsilon=0$ 时，则自由体的剪应力：

$$\tau=\sigma_n \frac{\cos\upsilon\sin\varphi}{1-\sin\upsilon\sin\varphi}=\sigma_n\sin\varphi \tag{3-6}$$

自由体受力如图 3-10(b) 所示，图中 $N=\sigma_n \mathrm{d}h$，$T=\tau\mathrm{d}h$。假设地应力为法向应力，则根据单元体的静力平衡可得：

$$F=\frac{\gamma B^2}{2K\sin\varphi}(1-\mathrm{e}^{-2K\frac{H}{B}\sin\varphi}) \tag{3-7}$$

在其他变量相同的情况下，上式得到的 F 值约比筒仓理论高出 15% 到 25%，其原因是埃文斯表达式中的 $\sin\varphi$ 代替了筒仓理论中的 $\tan\varphi$。各种土拱理论中 K 的取值一直是许多争论的焦点，K 的正确取值直接影响着计算结果的精确性。

考虑到当土柱高度 H 比较大时，剪切阻力不能在整个高度内被调动，因此可以借用太沙基的方法来修改这个表达式，若将门以上 $2B$ 以上的土体作为附加荷载处理，这样上式可以变为：

$$F=\frac{\gamma B^2}{2K\sin\varphi}(1-\mathrm{e}^{-4K\sin\varphi})+\gamma B^2(H/B-2)\mathrm{e}^{-4K\sin\varphi} \tag{3-8}$$

当膨胀角 $0<\upsilon<\varphi$ 时，活动门上的松动土压力处于 $\upsilon=\varphi$ 和 $\upsilon=0$ 两种情况之间。

3.3.2　被动土拱作用在活动门上的松动土压力

被动土拱也存在类似的情况，当膨胀角 υ 大于 0 时，土体向上移动，土体形状是梯形棱柱[图 3-11(a)]。当膨胀角 υ 等于 0 时，也是采用矩形棱柱对其进行分析[图 3-11(b)]。

(1) 当膨胀角 $\upsilon=\varphi$ 时

当 $\upsilon=\varphi$ 时，则自由体的剪应力：

$$\tau=\sigma_n \frac{\cos\upsilon\sin\varphi}{1-\sin\upsilon\sin\varphi}=\sigma_n\tan\varphi \tag{3-9}$$

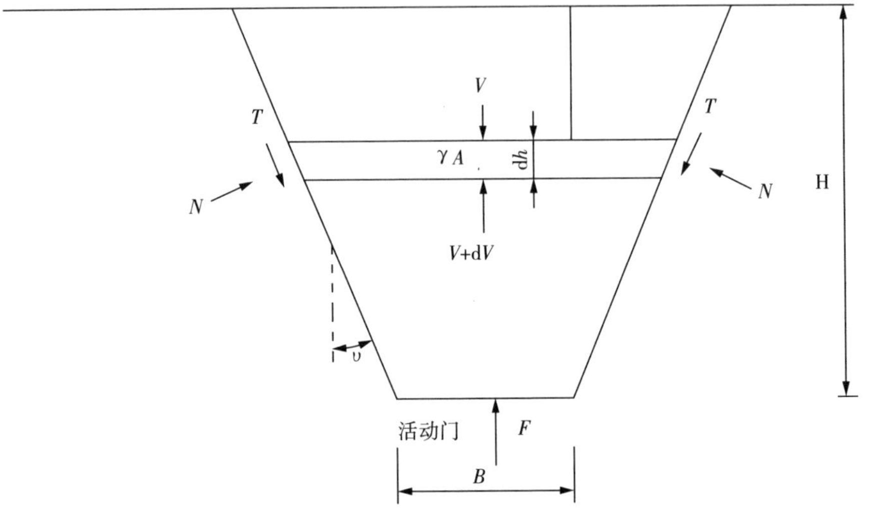

（a）膨胀角 υ 大于0时的自由体示意图

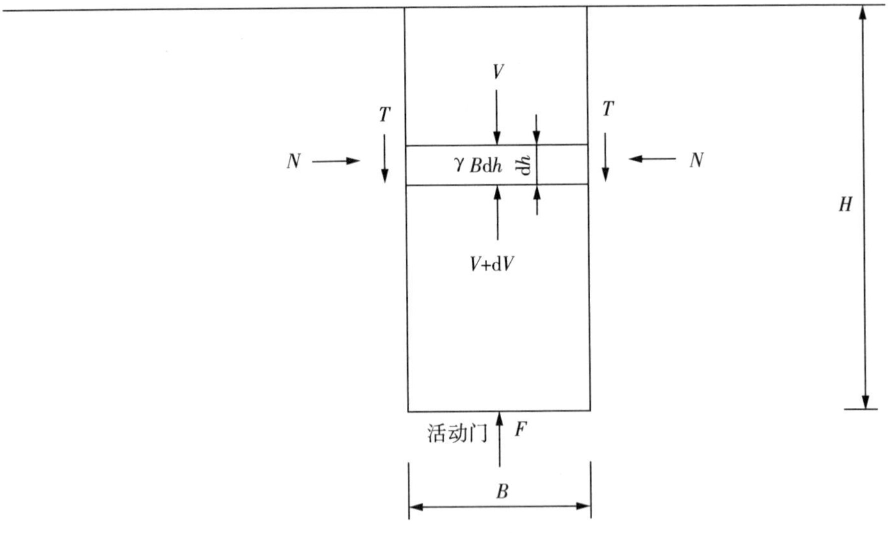

（b）膨胀角 υ 等于0时的自由体示意图

图 3－11　Evans 塑性理论模型被动土拱自由体示意图

自由体受力如图 3－11(a) 所示，图中 $N=\sigma_n\dfrac{dh}{\cos\upsilon}$，$T=\tau\dfrac{dh}{\cos\upsilon}$，根据作用在微分体的每个滑动面上的剪切力($T$) 和法向力($N$)，其垂直分量大小相等、方向相反，不产生净垂直力。因此，作用在活动门上的力仅仅是自由体本身的重量，由此可得：

$$F=\gamma H[B+H\tan\upsilon] \tag{3-10}$$

(2) 当膨胀角 $\upsilon=0$ 时

当 $\upsilon=0$ 时，则自由体的剪应力：

$$\tau=\sigma_n\frac{\cos\upsilon\sin\varphi}{1-\sin\upsilon\sin\varphi}=\sigma_n\sin\varphi \tag{3-11}$$

和主动土拱类似，单元体受力如图 3-11(b) 所示，此时 $N=\sigma_n\mathrm{d}h$，$T=\tau\mathrm{d}h$。假设地应力为法向应力，则根据单元体的静力平衡可得：

$$F=\frac{\gamma B^2}{2K\sin\varphi}\left(\mathrm{e}^{2K\frac{H}{B}\sin\varphi}-1\right) \tag{3-12}$$

在其他变量相同的情况下，因埃文斯表达式中的 $\sin\varphi$ 代替了筒仓理论中的 $\tan\varphi$，计算得到的 F 值和筒仓理论计算结果略有不同。

3.3.3 三维空间活动门上的松动土压力

在二维研究之后，埃文斯将他的理论方法扩展到三维。他考虑了不同几何形状的活动门的三维案例，图 3-12 ～ 图 3-16 所示为其三维解法中所使用的土体棱柱的形状。其中图 3-12 和图 3-13 展示了圆形活动门上方的土体滑动体，主动土拱情况是圆锥(图 3-12)，被动土拱情况是圆台(图 3-13)；而图 3-14 和图 3-16 分别显示了主动和被动土拱情况下矩形活动门上方的土体棱锥或棱台形状。

(1) 圆形活动门主动拱

当膨胀角 $\upsilon=\varphi$ 时，和二维情况类似，活动门上的松动土压力简化为自由体的重量

$$\text{当 } B/H\geqslant 2\tan\upsilon \quad F=\gamma\pi B^2/24\tan\upsilon \tag{3-13}$$

$$B/H>2\tan\upsilon \quad F=\frac{\gamma\pi B^2}{24\tan\upsilon}-\frac{\gamma\pi\tan^2\upsilon}{3}\left(\frac{B}{2\tan\upsilon}-H\right)^3 \tag{3-14}$$

当膨胀角 $\upsilon=0$ 时，自由体是一个圆柱，此时：

$$F=\frac{\gamma\pi B^3}{16K\sin\varphi}\left(1-\mathrm{e}^{-4K\frac{H}{B}\sin\varphi}\right) \tag{3-15}$$

类似二维情况，当埋深较大时，活动门上方 $2B$ 以上的土体内剪应力忽略不计，

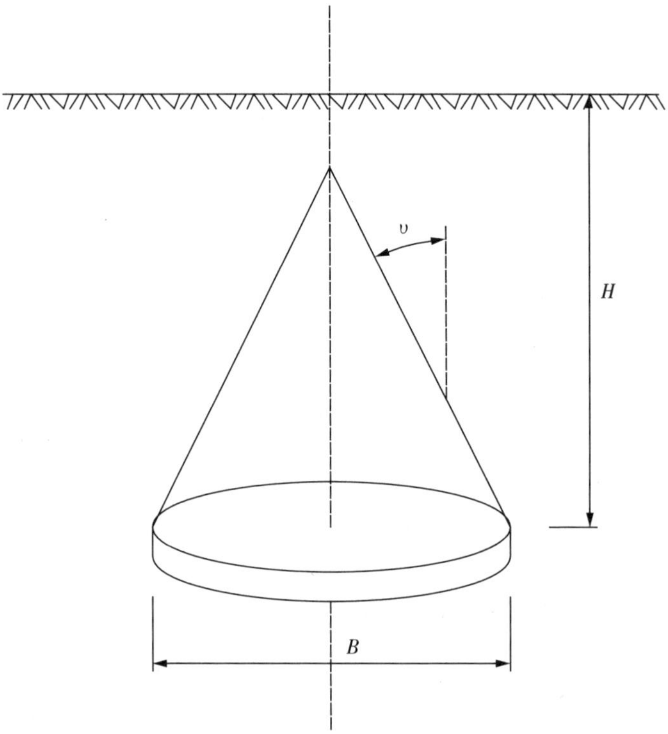

图 3-12　圆形活动门、主动土拱、膨胀角 υ 大于 0 时的圆锥滑动体

其自重当作均布荷载处理，上式改写为：

$$F=\frac{\gamma\pi B^3}{16K\sin\varphi}(1-\mathrm{e}^{-8K\sin\varphi})+\frac{\gamma\pi B^3}{4}(H/B-2)\mathrm{e}^{-8K\sin\varphi} \tag{3-16}$$

(2) 圆形活动门被动拱

当膨胀角 $\upsilon=\varphi$ 时，自由体形状如图 3-13 所示，和二维情况类似，活动门上的松动土压力简化为自由体的重量：

$$F=\frac{\gamma\pi\tan^2\upsilon}{3}\left(\frac{B}{2\tan\upsilon}+H\right)^3-\frac{\gamma\pi B^3}{24\tan\upsilon} \tag{3-17}$$

当膨胀角 $\upsilon=0$ 时，自由体是一个圆柱，此时：

$$F=\frac{\gamma\pi B^3}{16K\sin\varphi}(\mathrm{e}^{8K\sin\varphi}-1)+\frac{\gamma\pi B^3}{4}(H/B-2)\mathrm{e}^{8K\sin\varphi} \tag{3-18}$$

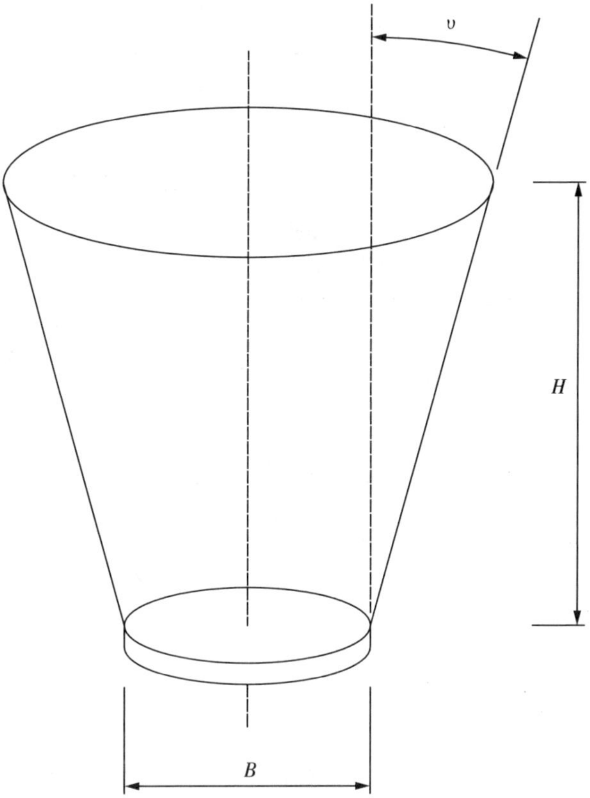

图 3-13　圆形活动门、被动土拱、膨胀角 υ 大于 0 时的倒圆台滑动体

(3) 矩形活动门主动拱

当膨胀角 $\upsilon=\varphi$ 时，自由体是一个三棱柱，如图 3-14 所示，和二维情况类似，活动门上的松动土压力简化为自由体的重量

$$\text{当 } B/H \geqslant 2\tan\upsilon \quad F=\frac{\gamma\pi B^2}{4\tan\upsilon}(L-B/3) \tag{3-19}$$

$$B/H > 2\tan\upsilon \quad F=\gamma\left[BLH-H^2\tan\upsilon\left(L+B-\frac{4}{3}H\tan\upsilon\right)\right] \tag{3-20}$$

式中：L—— 矩形活动门的长边；

B—— 矩形活动门的短边。

当膨胀角 $\upsilon=0$ 时，自由体是一个四棱柱，如图 3-15 所示，此时：

$$F=\frac{\gamma B^2 L^2}{2K\sin\varphi(L+B)}\left[1-\mathrm{e}^{-2K\sin\varphi\frac{H(L+B)}{BL}}\right] \tag{3-21}$$

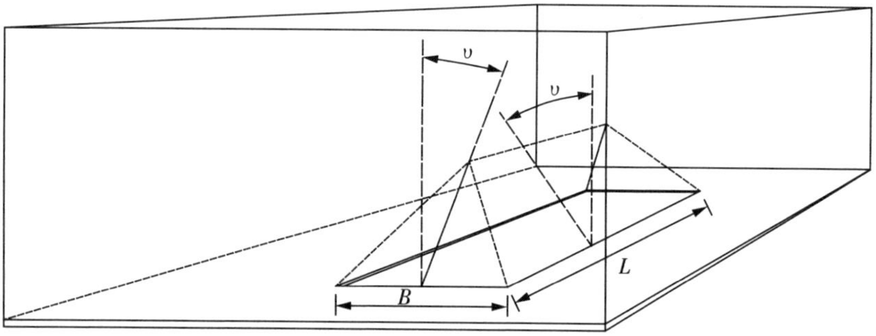

图 3-14　矩形活动门、主动土拱、膨胀角 υ 大于 0 时的棱锥滑动体

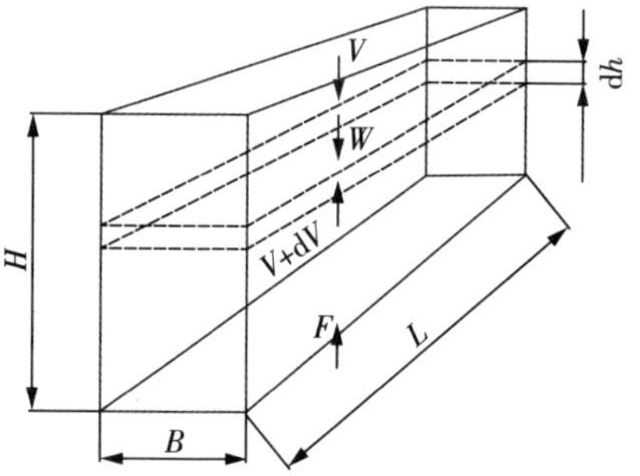

图 3-15　矩形活动门、膨胀角 υ 等于 0 时的四棱柱滑动体

(4) 矩形活动门被动拱

当膨胀角 $\upsilon=\varphi$ 时，自由体形状如图 3-16 所示，和二维情况类似，活动门上的松动土压力简化为自由体的重量：

$$F=\gamma\left[BLH+H^2\tan\upsilon\left(L+B+\frac{4}{3}H\tan\upsilon\right)\right] \tag{3-22}$$

当膨胀角 $\upsilon=0$ 时，自由体形状和主动拱情况一样，是一个四棱柱，作用在自由体上的剪应力数值上也相等，只不过方向相反，如图 3-15 所示，此时：

$$F=\frac{\gamma B^2L^2}{2K\sin\varphi(L+B)}\left(e^{2K\sin\varphi\frac{H(L+B)}{BL}}-1\right) \tag{3-23}$$

Evans 在他的土拱分析中采用了理想塑性土体模型，然而，真实的土体并不是一种理想塑性材料，因此，他的土拱效应的塑性解答并不是很严格的，但这些解决方案确实为深入了解当活动门降低或升高时土体中实际状态的变化提供了重要参

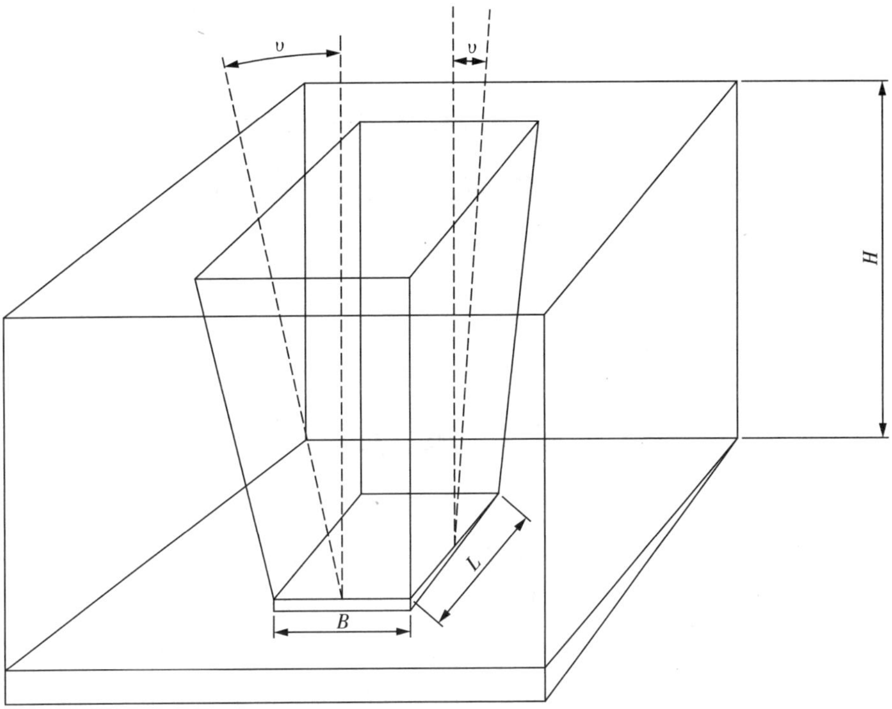

图 3－16　矩形活动门、被动土拱、膨胀角 υ 大于 0 时的棱台滑动体

考与理论依据。Evans 提出的大多数理论都是平面应变行为(图 3－10 和图 3－11)，并将这些结果与试验结果进行了比较，对比分析表明，塑性理论能较好地描述颗粒土的地基变形行为和土拱效应。

3.4　本章小结

本章介绍了几种土拱效应解析计算方法，分别采用弹性理论和塑性理论研究活动门试验和拱效应中的应力重分布，包括主动拱(降低活板门)和被动拱(上升活板门)的解析解情况。虽然真实的土体并不是一种理想弹塑性材料，土拱效应的弹塑性解答并不是很严格的，但本章方法从理论上为描述土拱效应下土体行为规律提供了支撑。

第4章 考虑土拱效应的隧道围岩压力计算方法

4.1 概 述

在隧道的设计与施工过程中，隧道拱顶土压力的确定是决定隧道安全性与经济性能否协调统一的关键因素。但由于实际工程中荷载作用机理难明，仍有不少国家为保证安全采用全覆土重作为上部荷载进行计算，与各种现场实测结果相比，这样的设计方法往往显得过于保守。实际上，由于隧道施工过程中应力扰动所引起的上覆土体松动及土拱效应的存在，作用在管片上部的土压力将远小于全覆土压力。要想合理确定隧道上覆土压力，土拱效应不可忽略。

隧道围岩压力拱的形成其实就是因为隧道开挖围岩发生应力重分布而形成的一种拱效应。在隧道开挖以前，大、小主应力方向分别为垂直和水平方向，隧道开挖后主应力的方向将发生偏转，在隧道周边形成一个“主应力流线的环状体”，如图4-1所示，即为压力拱。当隧道埋深较大、围岩稳定性较强时就可以在隧道周边形成有效的压力拱；而当隧道埋深较小、围岩稳定性较弱时虽不能形成有效的压力拱，土拱效应也能部分发挥作用，其对隧道支护力的影响也不应被忽视。

除了第二章介绍的太沙基松动土压力理论和普氏压力拱理论外，还有一些其他的考虑土拱效应的隧道拱顶土压力计算理论在本章集中介绍。这些理论方法通常假定隧道上方存在松动区域，为简化分析，不同的方法中都作了一些假设，如假设滑动面形状、土拱影响高度等等，不同的假设使得各种理论中松动区域的形状和范围也会存在很大的不同；例如，普氏压力拱以抛物线为界，而自然平衡拱边界则是椭圆。在这类方法中，作用在地下结构上的力通常被假定为材料在松动区域内土体重量。

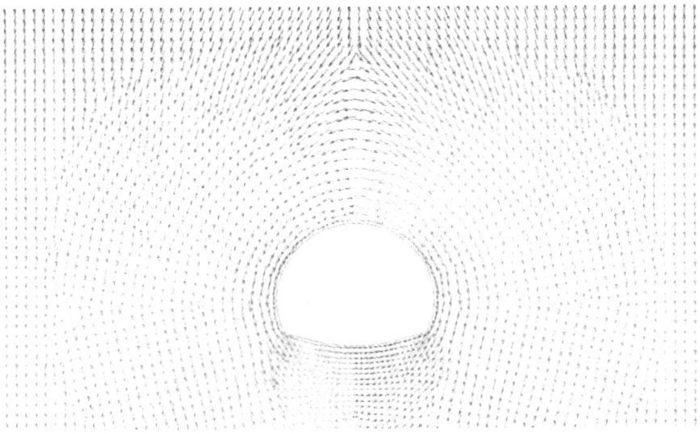

图 4-1　隧道开挖后大主应力矢量图(罗伟,2016)

4.2　自然平衡拱理论

普氏压力拱理论因其力学概念清晰,应用方便,其结论压力平衡拱为抛物线形状也较好地符合部分工程实际情况,但是,在生产实践中也出现了一些普氏理论出现的无法解释的自然平衡拱的形状,萍乡矿务局根据对历年巷道冒落情况观察,认为用椭圆形拟合更加近似。东北大学通过对石嘴子铜矿的平巷地压调查发现,冒落拱线多呈扁椭圆或竖椭圆状的规整圆弧。赵彭年通过对巷道平衡拱研究,认为当考虑岩体水平方向的原始应力时,巷道顶板上的自然平衡拱形状是椭圆曲线的一部分。

普氏理论为什么在有些情况下与实际不符呢?因为普氏理论假定是在竖直均匀分布载荷之下压力平衡拱,只考虑了岩体竖直方向的原始应力,而未考虑水平方向原始应力,以此为前提推导出自然平衡拱的形状是二次抛物线。因此普氏理论只适合于松散体,而在很多情况下侧压力是不能忽视的,在有些情况下侧压力甚至超过竖向压力,这时应用普氏压力拱理论是不合适的,需要用自然平衡拱理论进行解答。

自然平衡拱理论也是应用较为广泛的早期拱效应理论。自然平衡拱理论认为,在松散或破碎的岩土体中,因隧道的开挖,导致围岩体失去平衡,自然塌落而形成拱形洞顶,形成的拱称为自然平衡拱。洞顶围岩压力为拱内分离体的重量,而拱外岩体仍保持平衡。

自然平衡拱的受力简图如图4-2所示，在纵向压力q的作用下，侧向压力为λq，松散破碎岩体在此种受力情况下，将会形成自然平衡拱。

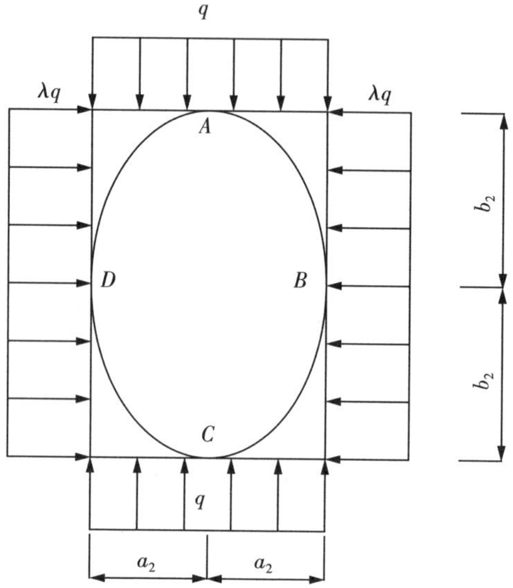

图4-2　自然平衡拱理论模型图

由于受力及几何的对称性，将其简化为图4-3的受力情况。

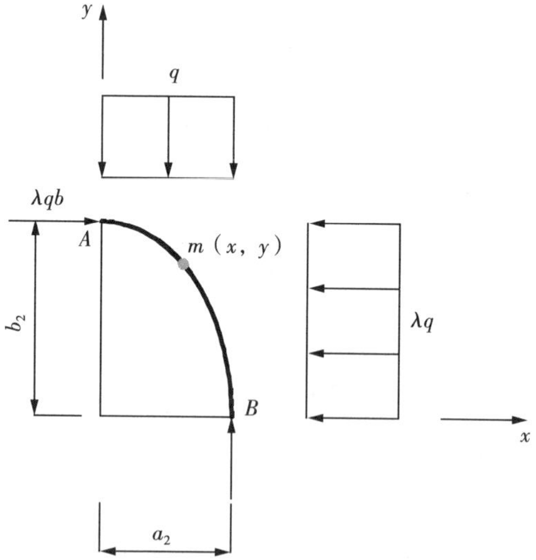

图4-3　自然平衡拱受力图

根据拱的性质，在自然平衡拱的任意截面上只有轴向力而无剪力和弯矩。选取拱中任意一点$m(x,y)$，对Am段进行受力分析，在A点作用有右半拱部分传来

的水平推力 T，$T=\lambda qb_2$，在竖向作用有均布载荷 q，在侧向作用有均布荷载 λq，在 m 点还有轴向力，因轴向力对 m 点不产生力矩，忽略不计。

根据力矩平衡，对点 $m(x,y)$ 取矩有：

$$\lambda qb_2(b_2-y)-\frac{1}{2}qx^2-\frac{1}{2}\lambda q\,(b_2-y)^2=0 \tag{4-1}$$

对式化简并整理得：

$$\frac{y^2}{b_2^2}+\frac{x^2}{\lambda b_2^2}=1 \tag{4-2}$$

式 4-2 为一椭圆方程，我们看出，自然平衡拱为一椭圆，其轴比 $a_2/b_2=\sqrt{\lambda}$，也即椭圆形状与侧压力系数 λ 息息相关。如果 $\lambda=1$，则 $a_2/b_2=1$，自然平衡拱的轴线为圆。在普氏理论假设的条件下，岩土体为松散介质，则 $\lambda=0$，则图 4-1 中 D、B 两点不连续，则演变为普氏抛物线方程，所以可以认为普氏理论是自然平衡拱的特殊情况。普氏理论虽然假定不合理，却能在实际工程设计中得到广泛应用，主要得益于岩石坚固性系数和安全系数的人为调节作用。自然平衡拱理论公式中没有让人争议的岩石坚固性系数，能较为合理地解释压力平衡拱的存在和形成机理，相比于普氏理论更为合理。

自然平衡拱理论表明，围绕隧道四周是自行封闭的椭圆环，对于地下结构工程，如果能充分利用围岩结构自身强度维护平衡，对降低工程造价、提高结构安全意义重大。自然平衡拱充分利用了岩土抗压性能远大于抗拉性能的特征，自然形成的压力拱的形式可认为是最佳的自然平衡形式。当然，自然平衡拱为椭圆形式是针对松散或破碎的岩土体得出的结论，对于完整的岩土体或黏性土则不适用。

4.3　比尔鲍曼理论

比尔鲍曼(Bierbiiumer) 理论又称为岩柱体计算理论，是 1913 年在建造大阿尔卑斯山隧道时发展起来的。

比尔鲍曼理论作了以下假定：① 隧道下沉且周边土体处于极限平衡状态；② 土体垂直方向应力为土体自重；③ 水平应力等于垂直应力乘以主动土压力系数；④ 在隧道开挖时，岩石材料倾向于沿破裂面向下滑动($45°+\varphi/2$)；⑤ 仅考虑土体自重，没有考虑地面超载情况。

根据这一理论，隧道支护结构承担的荷载为拱顶上方高度为 $h=\alpha H$（图 4－4）的抛物线包围的岩体重量（图 4－4），其中 α 为“折减系数”。

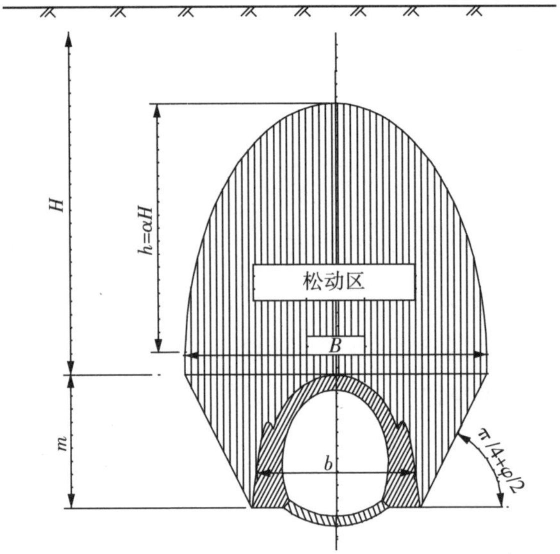

图 4－4　比尔鲍曼模型松动区

图 4－4 灯泡形状的区域内的岩体称为“松动区”，该区土体自重产生作用于隧道拱顶的荷载。比尔鲍曼理论计算示意图如图 4－5 所示。

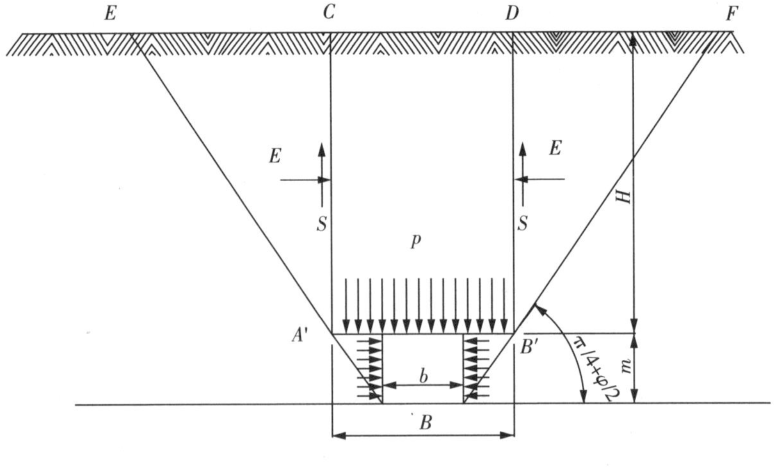

图 4－5　比尔鲍曼模型滑动面及计算示意图

滑动岩体的重量受沿垂直滑动面发展的摩擦力(S) 的影响，摩擦力可表示为：

$$S = fE = \tan\varphi \cdot [\tan^2(\pi/4 - \varphi/2)] \frac{H^2\gamma}{2} \tag{4-3}$$

式中：φ—— 土体内摩擦角；

f—— 为摩擦系数，$f = \tan\varphi$；

E—— 为作用在滑动面上的法向力。

$$\begin{aligned} E &= (\text{三角形 } DFB' \text{ 或 } ECA' \text{ 面积}) \times \gamma \times K_a \\ &= \left[\frac{1}{2} \cdot H \cdot H\tan(\pi/4 - \varphi/2)\right] \times \gamma \times \tan(\pi/4 - \varphi/2) \end{aligned} \tag{4-4}$$

式中：K_a—— 为朗肯主动土压力系数，$K_a = \tan(45° - \varphi/2)$；

γ—— 土体重度；

H—— 隧道深度(从地面到隧道顶部)。

因只考虑土体的自重，不考虑其他地面荷载，作用于隧道顶部的岩体(W) 的重量(使用宽度为 B 而不是 b) 为：

$$\begin{aligned} W &= \gamma \times \text{松动区}(CA'B'D)\text{ 面积} \\ &= \gamma \times H \times B \\ &= \gamma H[b + 2m \cdot \tan(\pi/4 - \varphi/2)] \end{aligned} \tag{4-5}$$

式中：H—— 隧道拱顶埋深；

B—— 滑动区宽度；

b—— 隧道宽度；

m—— 隧道高度。

由于滑动面的剪切力，隧道上方岩体的重量不会完全作用于隧道。因此作用在隧道上的垂直土压力 Q 是 W(式 4-5) 和 S(式 4-3) 的差值：

$$\begin{aligned} Q &= W - 2S \\ &= \gamma H[b + 2m \cdot \tan(\pi/4 - \varphi/2)] - 2\int_0^H \gamma\tan\varphi[\tan^2(\pi/4 - \varphi/2)]y\mathrm{d}y \\ &= \gamma H[b + 2m \cdot \tan(\pi/4 - \varphi/2)] - H^2\gamma\tan\varphi[\tan^2(\pi/4 - \varphi/2)] \end{aligned} \tag{4-6}$$

因此，对隧道拱顶(p) 的压力等于：

$$p=\frac{Q}{B}=\frac{Q}{b+2m\cdot\tan(\pi/4-\varphi/2)}$$

$$=\gamma H\left\{1-\frac{H\tan\varphi[\tan^2(\pi/4-\varphi/2)]}{b+2m\cdot\tan(\pi/4-\varphi/2)}\right\}$$

$$=\alpha\gamma H \tag{4-7}$$

这里 α 为折减系数

$$\alpha=1-\frac{H\tan\varphi[\tan^2(\pi/4-\varphi/2)]}{b+2m\cdot\tan(\pi/4-\varphi/2)} \tag{4-8}$$

因此，只有压力 $\alpha H\gamma$ 而不是 $H\gamma$ 作用于隧道。即，$h=\alpha H$ 为隧道上方岩体的有效高度，在设计隧道时应加以考虑。

这意味着，作用于垂直滑移面上法向力产生了摩擦，从而降低了隧道拱顶压力，这种减压就是我们常说的土拱效应。

比尔鲍曼认为，以上方法计算出的荷载为作用在活板门上的“最大负荷”，他提出了另一种简化的方法来计算作用在活动门上可能的最小载荷。这种方法利用了三棱柱与垂直方向呈 φ 角的两面上力的平衡(图 4－6)。当沿三棱柱两侧面摩擦力被充分调动时，则这两侧面的力没有垂直方向分量，因此作用在隧道顶部的“最小荷载”正好和三棱柱的重量平衡。

$$p_{\min}=\frac{\gamma B^2}{4\tan\varphi} \tag{4-9}$$

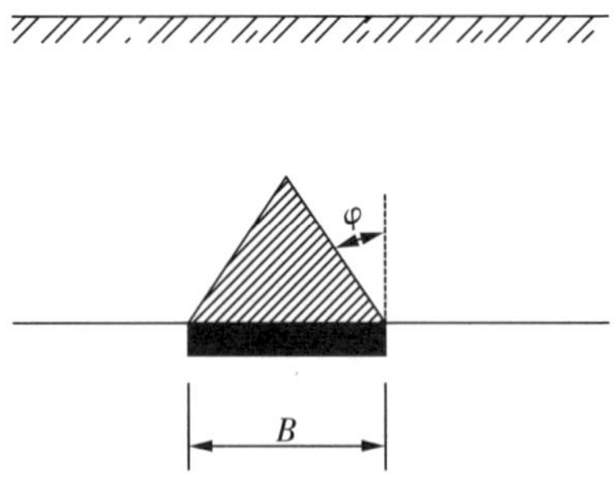

图 4－6　比尔鲍曼模型最小荷载假定

与普氏理论相比，比尔鲍曼理论考虑了滑动面两侧的摩擦力和黏结力，其计算值比普氏理论小，在隧道埋深较大、地质条件较好时计算结果更加符合工程实际。

Széchy(1966) 对比尔鲍曼理论的合理性进行了详细讨论，他认为 Bierbiumer 理论的正确性在实践中并没有得到完全的验证，但在具有高内摩擦(抗剪强度) 的材料中且开挖较大时该理论的应用效果最好。

4.4　巴拉理论

巴拉(1963) 在他的理论中假设位于隧道上方的地质材料由于隧道开挖会受到松动和向下运动的影响。这种向下运动将沿着某种滑动面进行，因此，位移将足以调动材料的抗剪强度。他假设滑动面是圆形的，从矩形隧道的上角开始(图 4－7)。

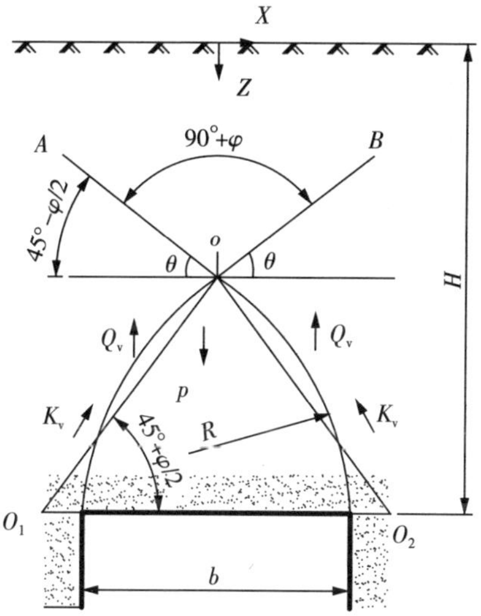

图 4－7　Balla 理论原理图

圆形曲线的半径由以下程序确定(Balla,1963)：

(1) 在隧道顶部高程的水平线上找到任意一点(如图 4－7 中的点 O_1)。

(2) 以 O_1 到矩形隧道远处上角的距离为半径绘制圆形曲线(如图 4－7 中的半径 R)。

(3) 求出该圆曲线与隧道对称轴的交点(图 4－7 中的点 O)。

(4) 在步骤 3 的交点上画一条直线，与步骤 2 的圆形曲线相切(图 4－7 的直线 OA)。

(5) 求出直线 OA 与水平方向的倾斜角(即图 4-7 中角 θ)。

(6) 如果倾角 $\theta=45^\circ-\varphi/2$,这种情况对应被动土压力滑动面,则第 2 步得到的半径 R 为圆形滑动面半径。图 4-7 显示了 $\theta=45^\circ-\varphi/2$ 的情况。使用相同的半径和点 O_2 绘制另一个滑动面。这两个滑动面与隧道顶部之间的区域($O_1\ OO_2$)为岩体松动区。

(7) 如果倾角不为 $\theta=45^\circ-\varphi/2$,重复步骤 1 到步骤 5,直到角度等于 $\theta=45^\circ-\varphi/2$。

通过垂直作用于松动区 $O_1\ OO_2$)的所有力的平衡,得到了隧道的岩石压力:

$$G+2Q_v+2K_v+P=0 \tag{4-10}$$

式中:G—— 圆形滑动面内土体松动区(或滑动岩体)的重量;

Q_v、K_v—— 沿每个滑动面作用的剪应力的合力;

P—— 作用于隧道顶部的岩石压力合力。

因为土拱效应,隧道承担的荷载的降低被考虑到对 Q_v 和 K_v 影响变量中。

巴拉运用Kotter微分方程确定了沿滑动面的应力分布(即在式 4-8 中的 Q_v 和 K_v),并通过假设拱顶压力的均匀分布,得到:

$$p_a=H\gamma\left(F_H+\frac{b}{H}F_b-\frac{c}{H\gamma}F_c\right) \tag{4-11}$$

式中:P_a—— 隧道拱顶压力;

H—— 隧道的深度(从地面到天顶的深度);

γ—— 岩体重度;

b—— 隧道宽度;

c—— 岩体黏聚力;

F_H—— 代表隧道深度对 pa 的影响因子;

F_b—— 代表隧道宽度对 pa 的影响因子;

F_c—— 表示黏聚力对 pa 的影响因子。

F_H、F_b、F_c 都是土体摩擦角(φ) 的函数,其中对隧道埋深(F_H 因子) 的影响最大,这些参数的取值如图 4-8 所示(Balla,1963)。式 4-11 表明隧道拱顶压力是隧道尺寸、位置和深度,以及围岩强度特性的函数。

在巴拉的理论中,基于他的经验做出了许多假设。这一理论最大的缺陷在于认为滑动面从转角点开始,这样就忽略了隧道侧向岩体的松动和压力。

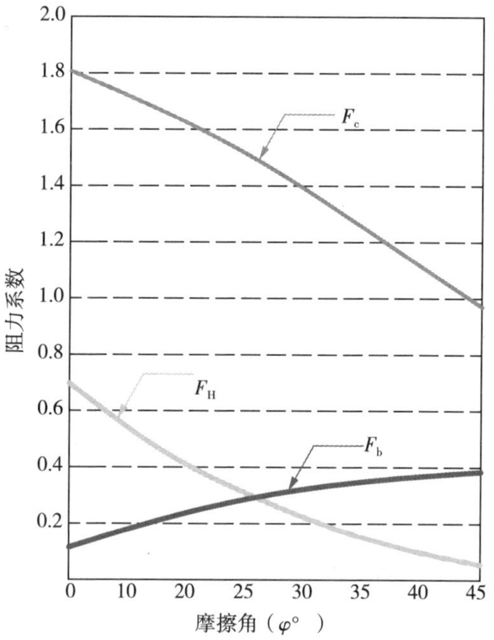

图 4-8　巴拉理论阻力系数

4.5　康姆瑞尔理论

忽略覆岩深度土拱理论中最古老、最广为人知的是由康姆瑞尔（Kommerell）提出的。康姆瑞尔假设松动区的形状为椭圆，如图 4-9 所示，椭圆短轴为隧洞跨度，长半轴（松动区高度）与支护结构的位移相关。该理论认为，衬砌只会受到开凿后由于松动而形成的自由体的重量的影响，松动土压力的大小与覆岩深度没有关系。

康姆瑞尔理论从开口处支撑结构的变形来确定土拱的高度（Széchy，1966）。

考虑到支护结构的位移或挠度是土体应力扰动及土体位移的直接因素，这一理论有其合理性。

设土体松动区域的高度为 h，支护结构的位移或挠度为 e，如果假定土体的应变为 $\delta\%$，则：

$$e=\frac{h\delta}{100} \tag{4-12}$$

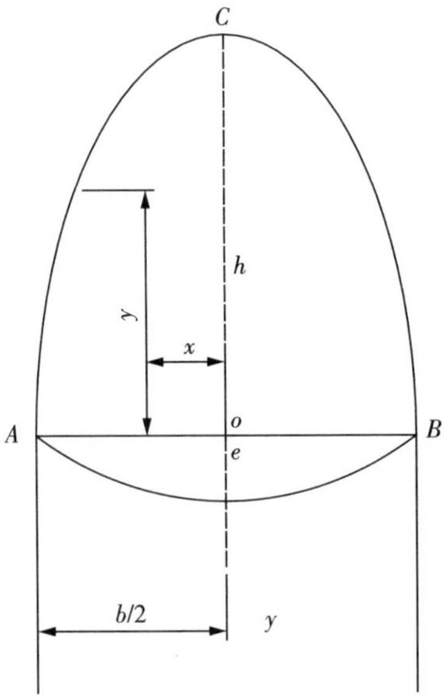

图 4-9　康姆瑞尔理论计算示意图(Széchy,1966)

即

$$h = \frac{100e}{\delta} \tag{4-13}$$

式中:δ—— 应变(%)。

不同岩土材料的应变一般如下:

松散粒状土(砂)δ(%)=1-3;

中等黏性土(干黏土)δ(%)=3-5;

黏性土(泥灰质、赤铁矿黏土)δ(%)=5-8;

软岩(砂岩、石灰岩)δ(%)=8-12;

固体岩石 δ(%)=10-15。

隧道支护需要承载一个以高度为 h 的半椭圆为边界的岩体的重量,如图 4-9 所示。点 O 为坐标系原点,x、y 为椭圆上点的坐标,e 为地质材料的变形,h 为松动带高度,b 为隧道宽度。因此,图 4-9 中的椭圆方程为:

$$\frac{x^2}{(b/2)^2} + \frac{y}{h^2} = 1 \tag{4-14}$$

将式 4-14 中的 h 值代入式 4-15 中的 h:

$$\frac{x^2}{(b/2)^2} + \frac{y^2\delta^2}{10000e^2} = 1 \tag{4-15}$$

隧道拱顶荷载为：

$$
\begin{aligned}
P &= \gamma \times \text{半椭圆的面积} \\
&= \gamma \times \frac{1}{2}\left(\pi \cdot \frac{b}{2} \cdot h\right)\gamma \times \frac{1}{2}\left(\pi \cdot \frac{b}{2} \cdot \frac{100e}{\delta}\right) \\
&= \frac{25\gamma\pi be}{\delta} \qquad (4-16)
\end{aligned}
$$

因此，如果我们从地质材料的类型中知道松度系数(δ)和隧道拱顶的变形或位移(e)，由式 4－14 得到松动区高度(h)，由式 4－15 得到松动区形状，由式 4－16 得到巷道顶板总荷载(P)。

从上面的分析可知，康姆瑞尔的理论与覆岩深度无关。康姆瑞尔的理论只能作为一个粗略的估算，原因如下：

(1) 土拱只可能用于颗粒土体或碎石中，是由于单个颗粒的重新分布而形成的，而不可能存在于完整岩石中。

(2) 假定隧道拱顶(e)的挠度与松动土体的高度(h)之间存在线性关系，但由于这纯粹是一种经验关系，无法通过测量来验证或从理论上解释。

(3) 根据康姆瑞尔的理论，拱顶位移(e)越大，拱顶荷载也越大，当隧道拱顶位移(e)等于零时，隧道拱顶荷载也等于零，这明显与工程实际不符。实际工程情况应该是，在隧道拱顶位移较小时，随着拱顶位移的加大，土拱效应逐渐发挥，拱顶荷载逐渐减小，直到一个极小值，此时土体濒临破坏，随后随着拱顶位移的进一步加大，土体屈服或破坏，拱顶荷载再逐渐变大。

(4) 康姆瑞尔理论不考虑覆土深度的影响，这也明显与实际不符。其实，覆土深度是否影响土压力取决于在设计中应力是否超过了围岩材料的弹性极限，当应力不超过地质材料的弹性极限时，松动区的发展不受覆盖层深度的影响，例如：坚硬岩层；反之，当应力超过了弹性极限时，覆土深度不仅影响拱顶压力，还与松动区发育的时间相关，这时考虑埋深因素是必要的，例如软弱土体。另外，忽略隧洞埋深影响的前提条件是隧洞有足够覆土深度能在开挖时自然成拱，因此，康姆瑞尔理论对软弱土体和浅埋隧道不适合。

4.6　谢家杰理论

当隧道埋深较浅、洞顶覆盖层较薄时，土体内不能形成完整的压力拱，但土拱效应已部分发挥作用，土体内部的摩擦力和黏聚力承担了部分荷载，此种埋深隧道被归类为较深的浅埋隧道，此种情况，我国学者谢家杰给出了较好的解答。

为了便于计算，假定岩土体中形成的破裂面是一条与水平呈 β 角的斜直线，如图 4－10 所示。

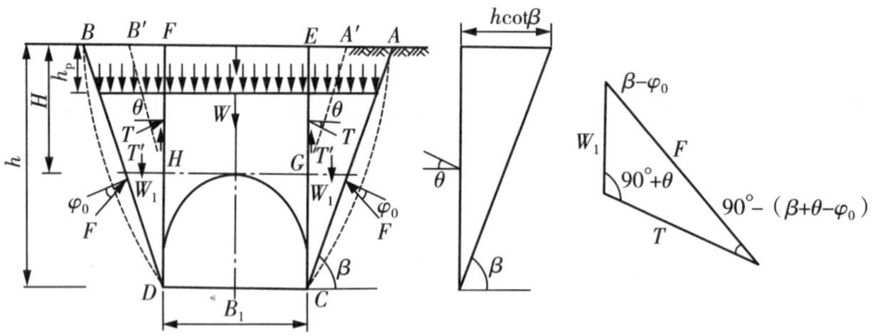

图 4－10　浅埋隧道围岩压力示意图

EFHG 岩土体下沉，带动两侧三棱柱岩土体（如图 4－10 中 *FDB* 和 *ECA*）下沉，整个岩土体 *ABDC* 下沉时，又要受到未扰动岩土体的阻力；斜直线 *AC* 或 *BD* 是假定的破裂面，分析时考虑黏聚力 c，并采用计算摩擦角 φ_0；另一滑动面 *FH* 或 *EG* 则并非破裂面，因此，滑面阻力要小于破裂面 *AC*、*BD* 的阻力，若该滑面的摩擦角为 θ，则 θ 应该小于 φ_0 值。无实测资料时，规范建议 θ 按表 4－1 采用。

表 4－1　各级围岩的 θ 值

围岩级别	Ⅰ、Ⅱ、Ⅲ	Ⅳ	Ⅴ	Ⅵ
θ	$0.9\varphi0$	$(0.7\sim0.9)\varphi0$	$(0.5\sim0.7)\varphi0$	$(0.3\sim0.5)\varphi0$

由图 4－10 可见，隧道上覆岩土 *EFHG* 的重力为 W，两侧三棱岩土 *FDB* 或 *ECA* 的重力为 W_1，未扰动岩体对整个滑动土体的阻力为 F，当 *EFHG* 下沉，两侧分别受到的阻力为 T'，作用于 *HG* 面上的垂直压力总值 $Q_{浅}$ 为：

$$Q_{浅}=W-2T'=W-2T\sin\theta \tag{4-17}$$

两侧三棱体自重为：

$$W_1=\frac{1}{2}\gamma h\,\frac{h}{\tan\beta} \tag{4-18}$$

式中：h—— 隧道底部到地面的距离（m）；

β—— 破裂面与水平面的夹角（°）。

由图4-10右图，根据正弦定理可得两侧阻力T：

$$T=\frac{\sin(\beta-\varphi_0)}{\sin[90^\circ-(\beta-\varphi_0+\theta)]}W_1 \tag{4-19}$$

将式(4-18)代入式(4-19)可得：

$$T=\frac{1}{2}\gamma h^2\frac{\lambda}{\cos\theta} \tag{4-20}$$

$$\lambda=\frac{\tan\beta-\tan\varphi_0}{\tan\beta[1+\tan\beta(\tan\varphi_0-\tan\theta)]+\tan\varphi_0\tan\theta} \tag{4-21}$$

$$\tan\beta=\tan\varphi_0+\sqrt{\frac{(\tan^2\varphi_0+1)\tan\varphi_0}{\tan\varphi_0-\tan\theta}} \tag{4-22}$$

式中：λ——侧压力系数；

φ_0——围岩计算摩擦角(°)。

至此，求得极限最大阻力T后，代入式(4-25)可求得作用在HG面上的总垂直压力值$Q_{浅}$。

$$Q_{浅}=W-2T\sin\theta=W-\gamma h^2\lambda\tan\theta \tag{4-23}$$

由于GC、HD与EG、EF相比往往较小，而且衬砌与岩土体之间的摩擦角也不同，前面分析时均按θ计，当中间岩土块下滑时，由FH及EG面传递，考虑压力稍大些对设计的结构也偏于安全，因此，摩阻力不计隧道部分面而只计洞顶部分，即在计算中H代替h，式(4-23)变为：

$$Q_{浅}=W-\gamma H^2\lambda\tan\theta \tag{4-24}$$

由于$W=B_1H\gamma$，故：

$$Q_{浅}=\gamma H(B_1-H\lambda\tan\theta) \tag{4-25}$$

式中：B_1——隧道宽度(m)。

换算成作用在支护结构上的均布荷载见图4-11，即

$$q_{浅}=\frac{Q_{浅}}{B_1}=\gamma H\left(1-\frac{H}{B_1}\lambda\tan\theta\right) \tag{4-26}$$

式中：$q_{浅}$——作用在支护结构上的均布荷载(kN/m^2)。

作用在支护结构两侧的侧向压力e为：

$$e=\frac{1}{2}(e_1+e_2)=\frac{1}{2}\gamma\lambda(H+h) \tag{4-27}$$

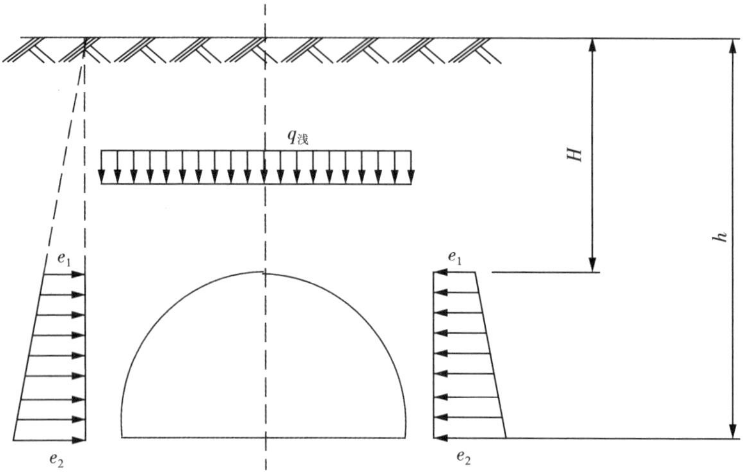

图 4－11　浅埋隧道均布荷载示意图

谢家杰理论在垂直压力和侧压力的计算中考虑了土坡黏聚力和内摩擦角、洞顶荷载和地面坡度的影响，也考虑了破裂面抗剪强度在破裂面形成过程中和形成以后的变化的影响。因此谢家杰理论相对比较完善，计算结果基本符合工程实际。当然，谢家杰理论为简化分析，也做了一些假定，如假定土体在下沉过程中处于极限平衡状态；破裂面近似为直线；顶板两侧摩擦角也是采用估算值，可能会产生一些计算误差，需要进一步积累资料予以提高。

4.7　我国公路隧道设计规范推荐方法

4.7.1　深埋隧道

(1) 垂直均布压力

深埋隧道松散荷载，在没有显著偏压及膨胀力的围岩条件下，垂直均布压力的计算由式(4－28) 和(4－29) 确定：

$$q = \gamma h \tag{4-28}$$

$$h = 0.45 \times 2^{S-1} \omega \tag{4-29}$$

式中：q—— 垂直均布压力(kN/m²)；

γ—— 围岩天然容重(kN/m³)；

h—— 围岩压力计算高度(m)；

S—— 围岩级别，按1、2、3、4、5、6整数取值；

ω—— 宽度影响系数，由式(4-30)确定：

$$\omega = 1 + i(B - 5) \tag{4-30}$$

式中：B—— 隧道宽度(m)；

i—— 隧道宽度每增减1m时的围岩压力增减率，以 $B = 5$m 的围岩垂直均布压力为准，按表4-2取值。

表4-2　围岩压力增减率取值表

隧道宽度 B(m)	$B < 5$	$5 \geqslant B < 14$	$14 \geqslant B < 25$
围岩压力增减率 i	0.2	0.1	考虑施工过程分导洞开挖
			上下台阶法或一次性开挖

(2) 水平均布压力

围岩的水平均布压力可按表4-3的规定确定。

表4-3　围岩水平均布压力

围岩级别	Ⅰ、Ⅱ	Ⅲ	Ⅳ	Ⅴ
水平均布压力	0	$< 0.15q$	$(0.15 \sim 0.3)q$	$(0.3 \sim 0.5)q$

4.7.2　浅埋隧道

4.7.2.1　浅埋隧道和深埋隧道划分

浅埋隧道和深埋隧道的分界可按荷载等效高度值，并结合地质条件、施工方法等因素综合判定。按荷载等效高度的判定可按式(4-31)和式(4-32)计算：

$$h_q = \frac{q}{\gamma} \tag{4-31}$$

$$H_P = (2 \sim 2.5)h_q \tag{4-32}$$

式中：H_P—— 浅埋隧道分界高度(m)；

h_q—— 荷载等效高度(m)；

q—— 用式(4-28)算出的深埋隧道垂直均布压力(kN/m^2);

γ—— 围岩天然容重(kN/m^3)。

在钻爆法或浅埋暗挖法的施工条件下,Ⅳ ~ Ⅵ 级围岩取 $H_P = 2.5h_q$;Ⅰ ~ Ⅲ 级围岩取 $H_P = 2h_q$。

4.7.2.2 埋深较浅的浅埋隧道

当隧道埋深很浅时($H \leqslant h_q$),土体本身的抗剪强度调动有限,可不考虑土拱效应,以围岩拱顶自重应力作为围岩压力,垂直均布压力计算公式如下:

$$q = \gamma H \tag{4-33}$$

式中:q—— 垂直均布压力(kN/m^2);

γ—— 围岩天然容重(kN/m^3);

H—— 隧道埋深,指隧道顶至地面的距离(m)。

侧向压力 e 按均布荷载考虑,其值为:

$$e = \gamma\left(H + \frac{1}{2}H_t\right)K_a = \gamma\left(H + \frac{1}{2}H_t\right)\tan^2(45° - \varphi/2) \tag{4-34}$$

式中:e—— 侧向均布压力(kN/m^2);

H_t—— 隧道高度(m)。

φ—— 围岩计算摩擦角(°)。

4.7.2.3 埋深较深的浅埋隧道

对于隧道埋深较大的浅埋隧道($h_q < H \leqslant H_P$),此时土拱效应已经发生作用,需考虑土体调动本身抗剪强度的减荷作用。在地面坡度平缓时,衬砌结构受到的地压对称,此种情况下,规范推荐采用谢家杰公式进行计算。

4.7.2.4 偏压浅埋隧道

当地面坡度陡斜时,衬砌结构受到不对称地压,此种情况下隧道垂直压力的计算:

$$Q = \frac{\gamma}{2}[(h + h')B - (\lambda h^2 + \lambda' h'^2)\tan\theta] \tag{4-35}$$

式中:h、h'—— 内外侧由隧道拱顶至地面的距离(m);

B—— 隧道跨度(m)

γ—— 围岩天然容重(kN/m^3);

θ—— 顶板岩土柱两侧摩擦角(°)。

假定偏压分布图形与地面坡一致，如图 4－12 所示。

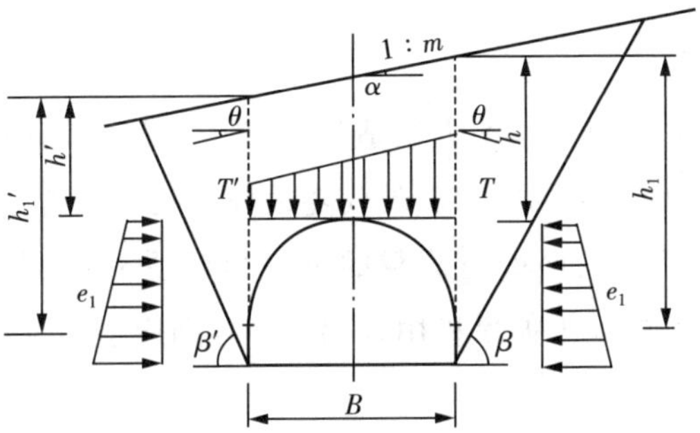

图 4－12 浅埋隧道偏压分布图

$$\lambda=\frac{1}{\tan\beta-\tan\alpha}\times\frac{\tan\beta-\tan\varphi_c}{1+\tan\beta(\tan\varphi_c-\tan\theta)+\tan\varphi_c\tan\theta} \tag{4-36}$$

$$\lambda'=\frac{1}{\tan\beta'-\tan\alpha}\times\frac{\tan\beta'-\tan\varphi_c}{1+\tan\beta'(\tan\varphi_c-\tan\theta)+\tan\varphi_c\tan\theta} \tag{4-37}$$

$$\tan\beta=\tan\varphi_c+\sqrt{\frac{(\tan^2\varphi_c+1)(\tan\varphi_c-\tan\alpha)}{\tan\varphi_c-\tan\theta}} \tag{4-38}$$

$$\tan\beta'=\tan\varphi_c+\sqrt{\frac{(\tan^2\varphi_c+1)(\tan\varphi_c+\tan\alpha)}{\tan\varphi_c-\tan\theta}} \tag{4-39}$$

式中：α—— 地面坡坡角(°)；

φ_c—— 围岩计算摩擦角(°)；

β、β'—— 内外侧产生最大推力时的破裂角(°)。

4.8 关宝树推荐方法

关宝树(2003) 根据大量的工程实践资料统计，提出了支护结构的设计荷载计算方法：

$$q=\gamma\cdot n(B+H) \tag{4-40}$$

式中：γ—— 围岩天然容重；

B、H—— 坑道的开挖宽度和高度；

n—— 荷载系数,由下式确定

$$n = 0.043 \cdot e^{0.64(S-1)} \tag{4-41}$$

式中:S—— 围岩类别。

需要注意的是,关宝树推荐的方法适用于矿山法施工,且只适用于深埋隧道,特别是Ⅲ～Ⅴ类有典型裂隙的围岩。现代隧道施工技术朝着尽量控制围岩的破坏方向发展(如盾构施工),拱顶松弛荷载的发展也将受到限制,不会发展到式(4-40)计算的值。非矿山法施工如果采用式(4-40),则应适当降低荷载值。

4.9 本章小结

土拱效应在进行隧道衬砌支护力计算方面意义重大,应用土拱效应准确计算衬砌支护力直接影响着隧道的工程造价和施工安全,而正确估算土拱效应对支护力影响的关键是选择合理压力拱理论。本章详细介绍了各种土拱理论及其在隧道工程中的应用,并对其适应性进行了详细评述。

第 5 章　不完全土拱效应及其工程应用研究

5.1 概　述

太沙基通过砂土的活动门试验对土拱效应进行了详细的研究分析，通过假定滑动面为垂面，并认为滑动面上土体的剪应力达到其抗剪强度。太沙基松动土压力理论的推导基于一个假想的前提，也就是认为隧道上方土体充分变形，土体抗剪强度充分发挥，土体达到了一个极限平衡状态。因此太沙基松动土压力理论是土体处于极限平衡、土体自身强度充分发挥状态下最小支护力，其值肯定会小于实际的支护力，如果应用于工程实际也必将带来不安全的因素。

太沙基认为，滑动面上土体的剪应力达到其抗剪强度的这一假定往往与实际工程土体真实的应力状态不符，例如：对于盾构隧道施工，因管片支护和同步注浆等因素，隧道拱顶位移受到约束，土拱效应不能充分发挥，土体剪切应力可能远远小于其抗剪强度，此时，将太沙基松动土压力理论用于盾构隧道设计中是偏于不安全的。鉴于此，本书作者根据盾构施工的特点，针对土拱效应的部分发挥，提出可以考虑注浆、管片刚度等设计和施工因素的松动土压力计算方法。

5.2 不完全土拱效应

在地下工程中经常会存在土体的变形受约束(如盾构隧道)，土拱效应不能完全发挥，此时，土中剪应力都小于抗剪强度，土拱效应部分发挥，称之为不完全土拱效应。土拱效应的部分发挥的程度与松动土压力大小及应力扰动范围都有密切关系，而土拱效应的部分发挥的程度又取决于施工参数，对于盾构隧道来说，注浆压力、注浆量、注浆时机等施工参数都会影响到土拱的形成与发挥，有进一步讨论的必要。

5.3 不完全土拱效应影响下的土体侧向压力系数

在本书第二章第四节已经就侧压力系数进行了讨论，但针对的是土拱效应完全发挥的情况。当土拱效应不完全发挥时，其土体侧压力系数不是一个定值，其大小取决于土拱效应的发挥程度，具体分析如下。

Handy(1985)提出土拱为主应力拱，将土拱曲线定义为小主应力轨迹，其形状为悬链线(图 5－1)。通过摩尔圆极值点可获得最大主应力方向，并应用摩尔圆分析了土拱效应充分发挥后土中应力和侧压力系数。

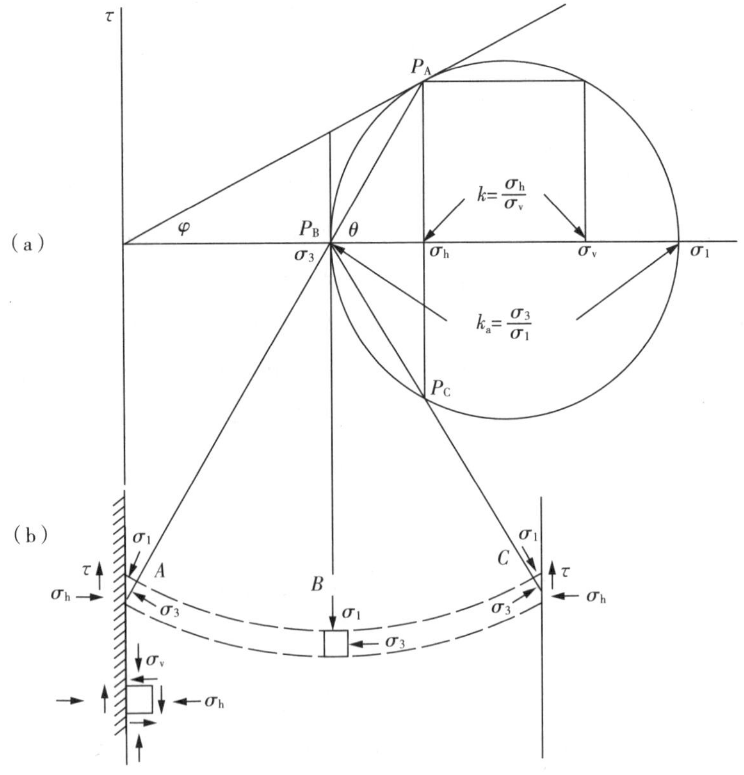

图 5－1　粗糙墙面完全土拱效应的最小主应力拱

如果土拱效应部分发挥，在 Handy 理论基础上，以砂性土为例，应用摩尔圆可以获得土中剪应力和侧压力系数。

图 5-2 为计算示意图，图中：σ_1 为土体最大主应力，σ_3 为土体最小主应力，σ_v 为垂直方向的松动土压力，σ_h 为土的侧向压力，τ 为土的剪应力，φ 为内摩擦角，θ 为 σ_1 方向与水平面夹角。

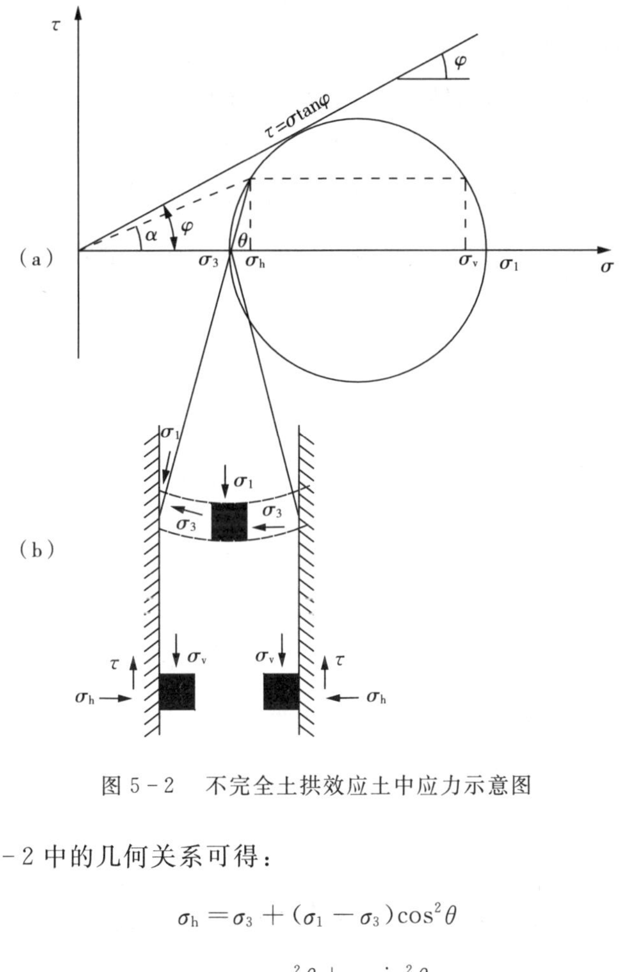

图 5-2　不完全土拱效应土中应力示意图

根据图 5-2 中的几何关系可得：

$$\sigma_h = \sigma_3 + (\sigma_1 - \sigma_3)\cos^2\theta$$

$$= \sigma_1\cos^2\theta + \sigma_3\sin^2\theta \tag{5-1}$$

$$\sigma_v = \sigma_1 - (\sigma_1 - \sigma_3)\cos^2\theta$$

$$= \sigma_1\sin^2\theta + \sigma_3\cos^2\theta \tag{5-2}$$

用式(2-6) 除以式(2-7) 得：

$$K=\frac{\sigma_h}{\sigma_v}=\frac{\cos^2\theta+\frac{\sigma_3}{\sigma_1}\sin^2\theta}{\sin^2\theta+\frac{\sigma_3}{\sigma_1}\cos^2\theta}=\frac{1+K'\tan^2\theta}{\tan^2\theta+K'} \tag{5-3}$$

式中:K—— 土体侧向压力系数。

式(5-3)中θ表示应力偏转程度,$K'=\sigma_3/\sigma_1$代表最小主应力和最大主应力的比值。这两者都与土拱效应的发挥程度密切相关。要准确获取K值,θ和σ_3/σ_1的取值是关键,这就需要明确主应力迹线的形状与迹线上点的实际应力状态,但目前主应力迹线一般假设为圆弧、抛物线、悬链线等形状不一定合理,当然最主要的问题还是迹线上各点的主应力大小未知,因此主应力比$K'=\sigma_3/\sigma_1$不能确定,这个问题还有待专家学者的进一步研究。为简化分析,目前通用的做法还是假设迹线上土体都达到极限应力状态,也即$\sigma_3/\sigma_1=K_a-\frac{2\cdot c}{\sigma_1}\sqrt{K_a}$,对于无黏性土,取$\sigma_3/\sigma_1=K_a$。

由图5-2可知:

$$\tau=(\sigma_h-\sigma_3)\tan\theta=\sigma_h\tan\alpha \tag{5-4}$$

则

$$\tan\alpha=\frac{(\sigma_h-\sigma_3)\tan\theta}{\sigma_h}=\frac{(1-K_a)\tan\theta}{1+K_a\tan^2\theta} \tag{5-5}$$

所以:

$$\tau=\frac{\sigma_h(1-K_a)\tan\theta}{1+K_a\tan^2\theta}=\frac{K\sigma_v(1-K_a)\tan\theta}{1+K_a\tan^2\theta} \tag{5-6}$$

式(5-6)表明,代表了土拱效应的发挥程度的土中剪应力τ其大小受θ值影响非常大,而θ的大小又与设计和施工相关参数紧密相关,如盾构隧道施工的地层损失、注浆压力、注浆量等施工因素和管片刚度等。

5.4 不完全土拱效应下土体竖向应力及管片支护力的计算

5.4.1 不完全土拱效应下松动土压力公式推导

不完全土拱效应下土体抗剪强度部分发挥,土体单元受力分析如图5-3所示,该力学模型与太沙基模型的区别在于用剪应力τ代替了滑动面上的抗剪强度τ_f,

一般情况下，土体内剪应力小于抗剪强度，太沙基松动土压力模型是该模型的一个特例，即土体处于极限平衡状态时两者解答统一。

由单元体的静力平衡可推导土体竖向应力为：

$$d\sigma_v = \left(\gamma - \frac{2\tau}{B}\right) dh \tag{5-7}$$

式中：σ_v—— 土体竖向应力；

γ—— 土体重度；

τ—— 土体滑裂面上的剪应力；

h—— 土体埋深；

B—— 滑动土柱宽度，$B=2B_1$，B_1 为松动带宽度。

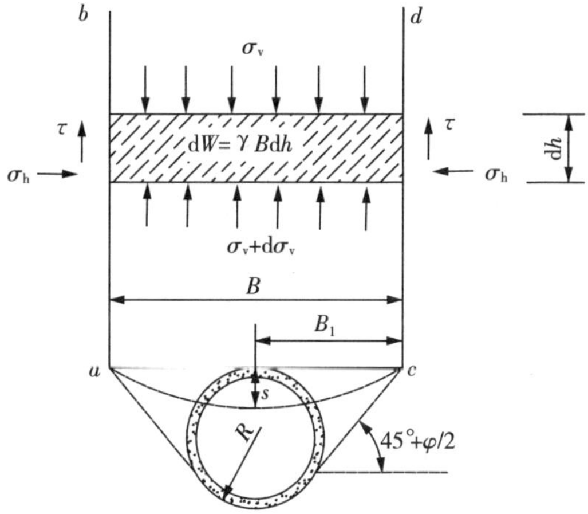

图 5-3 无黏性土松动区土体平衡示意图

$$B_1 = R\cot\left(\frac{\pi/4 + \varphi/2}{2}\right) \tag{5-8}$$

将式(5-6)代入(2-11)，并令 $A_1 = \dfrac{K(1-K_a)\tan\theta}{1+K_a\tan^2\theta}$，则：

$$d\sigma_v = \left(\gamma - \frac{2A_1\sigma_v}{B}\right) dh \tag{5-9}$$

对式(5-9)分离变量，有：

$$\frac{\mathrm{d}\sigma_{\mathrm{v}}}{\gamma-\dfrac{2A_1\sigma_{\mathrm{v}}}{B}}=\mathrm{d}h \tag{5-10}$$

两边积分得：

$$-\frac{B}{2A_1}\ln\left(\gamma-\frac{2A_1\sigma_{\mathrm{v}}}{B}\right)=h+C_1 \tag{5-11}$$

即：

$$\gamma-\frac{2A_1\sigma_{\mathrm{v}}}{B}=C_2\mathrm{e}^{-\frac{2A_1}{B}h} \tag{5-12}$$

式中：$C_2=\mathrm{e}^{-\frac{2A_1}{B}C_1}$，对式(2-16)进行方程变换得：

$$\sigma_{\mathrm{v}}=\frac{B\gamma}{2A_1}+C_3\mathrm{e}^{-\frac{2A_1h}{B}} \tag{5-13}$$

式中：$C_3=-\dfrac{B}{2A_1}C_2$。

如果地表存在均布荷载 q，由边界条件 $\sigma_{\mathrm{v}}|_{h=0}=q$，代入式(5-13)，得：

$$C_3=q-\frac{B\gamma}{2A_1}$$

这样，可得松动土压力 σ_{v}：

$$\begin{aligned}\sigma_{\mathrm{v}}&=\frac{B\gamma}{2A_1}\left(1-\mathrm{e}^{-\frac{2A_1h}{B}}\right)+q\mathrm{e}^{-\frac{2A_1h}{B}}\\&=\frac{B_1\gamma}{A_1}\left(1-\mathrm{e}^{-\frac{A_1h}{B_1}}\right)+q\mathrm{e}^{-\frac{A_1h}{B_1}}\end{aligned} \tag{5-14}$$

式(5-14)表明，当 h 非常大时，σ_v 趋向于一个恒定值，大小为：

$$\sigma_{\mathrm{vmax}}=\frac{B_1\gamma}{A_1}$$

若地表没有荷载，由条件 $\sigma_{\mathrm{v}}|_{h=0}=0$，代入通解(5-13)，得：

$$C_3=-\frac{B_1\gamma}{A_1}$$

于是可以求得松动土压力：

$$\sigma_{\mathrm{v}}=\frac{B_1\gamma}{A_1}\left(1-\mathrm{e}^{-\frac{A_1h}{B_1}}\right) \tag{5-15}$$

同样，当 h 非常大时，σ_v 趋向于一恒定值：$\sigma_{vmax}=\dfrac{B_1\gamma}{A_1}$。

式(5-14)和式(5-15)没有考虑土的黏聚力，如果是黏性土，考虑土拱效应的问题，应采用坐标平移法求解，如图 5-4 所示。

$$\begin{cases}\sigma'=\sigma+\sigma_0\\ \tau'=\tau\end{cases} \tag{5-16}$$

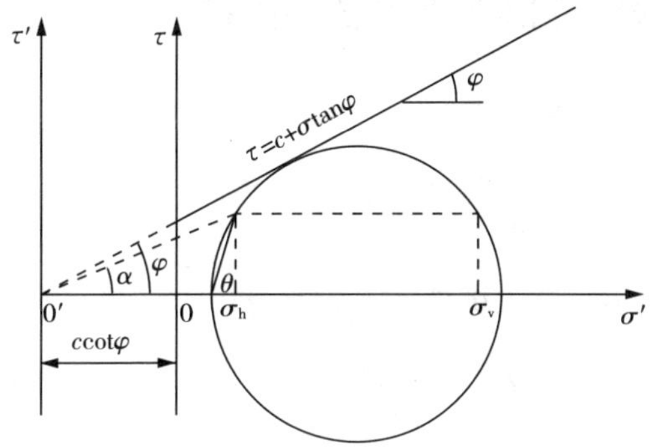

图 5-4　黏性土应力莫尔圆分析

则侧压力系数 K 等于：

$$K'=\frac{\sigma_h'}{\sigma_v'}=\frac{1+K_a\tan^2\theta}{\tan^2\theta+K_a} \tag{5-17}$$

$$\begin{aligned}K&=\frac{\sigma_h}{\sigma_v}=\frac{\sigma_h'-c\cot\varphi}{\sigma_v'-c\cot\varphi}=\frac{K'\sigma_v'-c\cot\varphi}{\sigma_v'-c\cot\varphi}\\&=\frac{K'(\sigma_v'-c\cot\varphi)+(K'-1)c\cot\varphi}{\sigma_v'-c\cot\varphi}\\&=K'+(K'-1)\frac{c\cot\varphi}{\sigma_v}\end{aligned} \tag{5-18}$$

所以土中的剪应力 τ 为：

$$\tau=\frac{K'\sigma_v'(1-K_a)\tan\theta}{1+K_a\tan^2\theta}=A_1\sigma_v' \tag{5-19}$$

将方程(5-19)代入方程(5-7)，可以得到下面方程

$$\mathrm{d}\sigma_v=\left(\gamma-\frac{2A_1\sigma_v}{B}-\frac{2A_1c\cot\varphi}{B}\right)\mathrm{d}h \tag{5-20}$$

将边界条件 $h=0$，$\sigma_v=q$ 代入上式，可得黏性土的不完全土拱松动土压力应为：

$$\sigma_v=\frac{B_1\gamma-A_1c\cot\varphi}{A_1}\left(1-e^{-\frac{A_1h}{B_1}}\right)+qe^{-\frac{A_1h}{B_1}} \tag{5-21}$$

当 $c=0$ kPa 时，式(2-25)可退化为：

$$\sigma_v=\frac{B_1\gamma}{A_1}\left(1-e^{-\frac{A_1h}{B_1}}\right)+qe^{-\frac{A_1h}{B_1}} \tag{5-22}$$

5.4.2 推荐公式和太沙基公式的比较

太沙基松动土压力公式：

$$\sigma_v=\frac{B_1\gamma-c}{K\tan\varphi}\left(1-e^{-\frac{K\tan\varphi\cdot h}{B_1}}\right)+qe^{-\frac{K\tan\varphi\cdot h}{B_1}} \tag{5-23}$$

本书作者提出的不完全土拱松动土压力公式：

$$\sigma_v=\frac{B_1\gamma-A_1c\cot\varphi}{A_1}\left(1-e^{-\frac{A_1h}{B_1}}\right)+qe^{-\frac{A_1h}{B_1}} \tag{5-24}$$

本书作者推荐的公式(5-24)和太沙基松动土压力公式(5-23)是相近的，如果用 $A_1\Leftrightarrow K\tan\varphi$，$c\Leftrightarrow A_1\cot\varphi c$，则两者一致。在太沙基松动土压力公式中将 $K\tan\varphi$ 取一个常数，而本书作者提出的公式(5-24)中 A_1 不是常数，其大小与 θ 相关，而 θ 的大小与施工参数密切相关。在盾构施工中，地层损失、注浆时机、管片刚度等都会对 θ 的取值产生影响。另一方面，在公式(5-24)中将 $A_1\cdot\cot\varphi\cdot c$ 代替 c 表明，黏聚力在滑裂面的取值也受到土拱效应的发挥程度影响，土拱效应发挥越充分，A_1 越大，黏聚力取值也越大，拱顶松动土压力因滑裂面黏聚力承担的荷载增加而越小。本书推荐公式(5-24)考虑了工程设计施工的影响，相比于太沙基松动土压力公式，其适用性更强。

为方便本书推荐方法的工程应用，现列举一具体算例和太沙基理论作对比分析，附详细计算过程如下。隧道直径 6.2m，覆土厚度 20m，砂性土，土的容重 20kN/m^3，土的内摩擦角 $\varphi=20°$，拱顶位移 $S=60\text{mm}$。

本书作者推荐方法：

$$K_a=\tan^2(45°-\varphi/2)=0.49$$

$$B_1=R\cot\left(\frac{\pi/4+\varphi/2}{2}\right)=3.14\cdot\cot(27.5°)=6.03$$

$$\tan\theta=\frac{B_1}{2S}-\frac{S}{2B_1}=\frac{6.03}{2\cdot 0.06}-\frac{0.06}{2\cdot 6.03}=50.3$$

$$A_1=\frac{1+K_a\tan^2\theta}{\tan^2\theta+K_a}\cdot\frac{(1-K_a)\tan\theta}{1+K_a\tan^2\theta}$$

$$=\frac{1+0.49\cdot 50.3^2}{50.3^2+0.49}\cdot\frac{(1-0.49)\cdot 50.3}{1+0.49\cdot 50.3^2}=0.10$$

$$\sigma_v=\frac{B_1\gamma-c}{A_1}\left(1-e^{-\frac{A_1h}{B_1}}\right)$$

$$=\frac{6.03\cdot 20}{0.10}\left(1-e^{-\frac{0.10\cdot 20}{6.03}}\right)=339.7(\text{kPa})$$

太沙基方法：

$$\sigma_v=\frac{B_1\gamma-c}{K\tan\varphi}\left(1-e^{-\frac{K\tan\varphi\cdot h}{B_1}}\right)$$

$$=\frac{6.03\cdot 20}{1\cdot\tan(20°)}\left(1-e^{-\frac{1\cdot\tan(20°)\cdot 20}{6.03}}\right)=150.9(\text{kPa})$$

不同摩擦角下本书推荐方法和太沙基方法计算的土压力如图 5-5 所示。

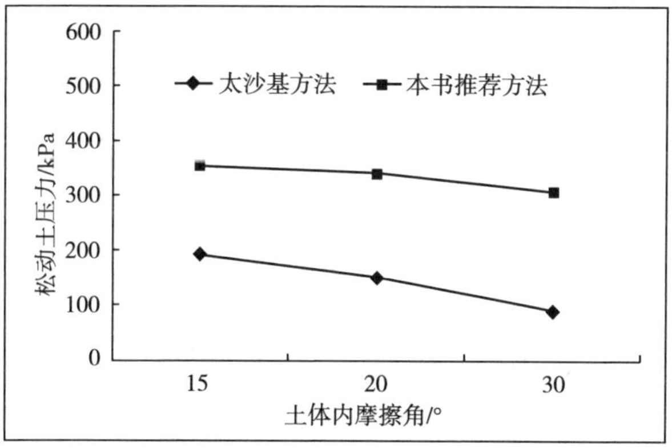

图 5-5　不同摩擦角下太沙基方法和本书推荐方法计算的松动土压力比较

5.4.3　地层损失对拱顶土压力的影响

式(5-19)～(5-22)中 A_1 对松动土压力的计算结果影响很大，A_1 越大，σ_v 越小，表明土拱效应越充分发挥，土体抗剪强度越被充分利用。由前文可知，$A_1=\frac{K(1-K_a)\tan\theta}{1+K_a\tan^2\theta}$，$A_1$ 大小与土的主动土压力系数 K_a 及 θ 相关，主动土压力系数 K_a

越小，θ 越大，则 A_1 越大，土的抗剪强度发挥越充分，拱顶松动土压力越小。

θ 的取值与地层损失密切相关，地层损失得越大，θ 减小的幅度也越大，A_1 值相应发生变化，并进一步影响到隧道拱顶松动土压力的计算结果。下面具体讨论 θ 与 A_1 的关系。

$$A_1=\frac{K(1-K_a)\tan\theta}{1+K_a\tan^2\theta}$$
$$=\frac{1+K_a\tan^2\theta}{\tan^2\theta+K_a}\cdot\frac{(1-K_a)\tan\theta}{1+K_a\tan^2\theta} \quad (5-25)$$

对土质条件确定情况下，K_a 是一定的，这样 A_1 由 $\tan\theta$ 唯一确定。$\tan\theta$ 和施工地层损失相关，也即与拱顶位移 S 相关，下面建立 $\tan\theta$ 与拱顶位移 S 的关系。

由前文，我们已经知道土拱的形成是土体在力的作用下产生不均匀位移，调动自身抗剪强度以抵抗外力的结果。土拱曲线和位移曲线虽然概念上有所不同，但关系密切。对于土拱曲线的形状，Handy 将土拱曲线定义为小主应力轨迹，其形状为悬链线。Park 等则假定土拱曲线为一段圆弧曲线。对于拱顶土体的位移曲线形状，James 认为当土体中存在空隙时，空隙上方土体实际位移曲线是悬链线，形状和小主应力轨迹是一致的，如图 5－6 所示。

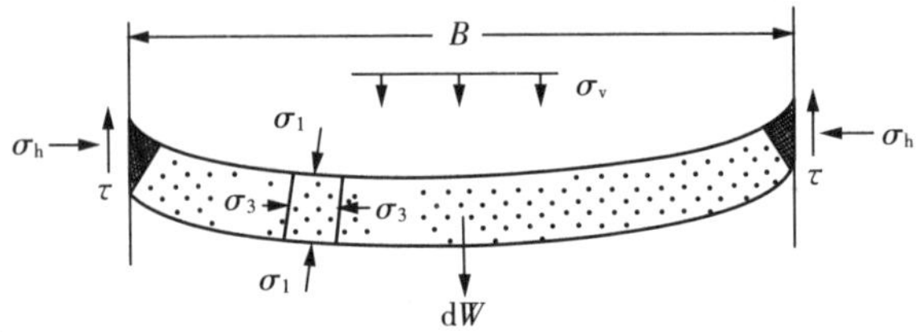

图 5－6　土拱微单元悬链线形状

虽然土拱曲线和位移曲线的实际形状是悬链线，但如果采用悬链线求解，过程将变得非常复杂，因此原文采用圆弧曲线来代表实际的悬链线求取 θ，以简化计算。一些学者在讨论挡土墙后土体的土拱效应对土压力分布的影响时，也采用了将悬链线简化为圆弧的近似处理方法，认为这一简化处理对结果的影响可以忽略。

其实在大跨距、小弧垂情况下悬链线和圆弧曲线差别很小，下面作对比分析。假定滑动土柱宽度为 $B=12\text{m}$，拱顶土体跨中最大位移取 $S_{max}=20\text{mm}$（地层损失较小）和 $S_{max}=60\text{mm}$（地层损失较大）两种情况，分别采用悬链线和圆弧进行曲线拟合，对曲线的差别作一比较，如图 5-7 所示。

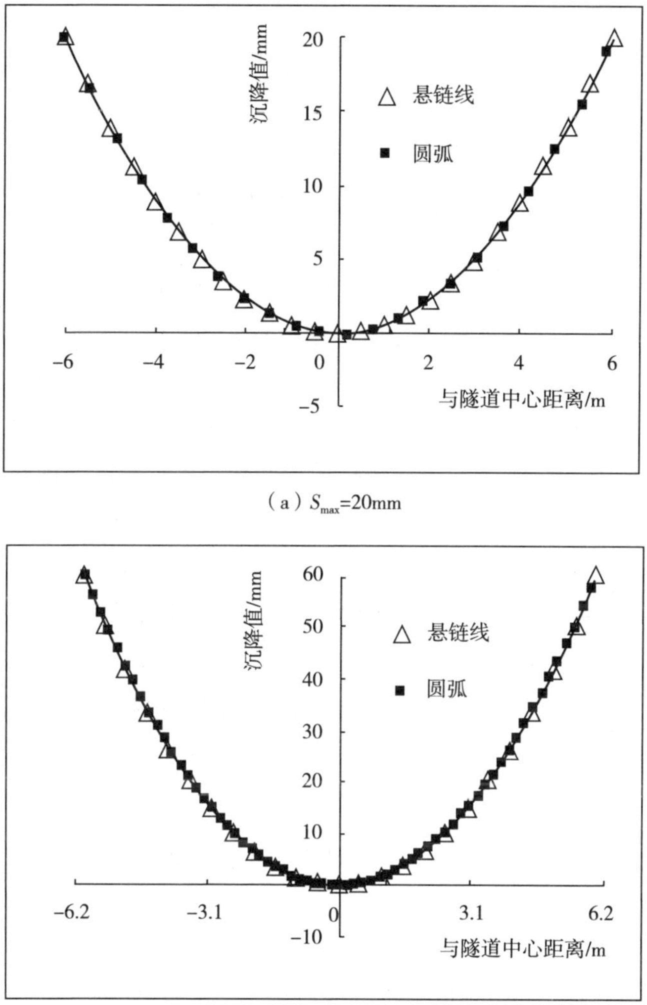

（a）S_{max}=20mm

（b）S_{max}=60mm

图 5-7　相同沉降量和跨距下悬链线和圆弧拟合对比

从图 5-7 可以看出，两种曲线基本重合，从这里可以看出在土体沉降不是很大的情况下，圆弧和悬链线差别很小。因盾构施工土体沉降 S_{max} 相对于土柱宽度 B 其值都非常小，满足大跨距、小弧垂的条件，所以下文对土拱曲线和位移曲线没有采用复杂的悬链线，而是采用圆弧来简化处理是可以满足工程的精度要求的。

由图 5-8 图形的几何关系有：

$$L^2=(L-S)^2+B_1^2 \tag{5-26}$$

则

$$L=\frac{S^2+B_1^2}{2S} \tag{5-27}$$

又

$$\tan\theta=\frac{L-S}{B_1}=\frac{B_1}{2S}-\frac{S}{2B_1} \tag{5-28}$$

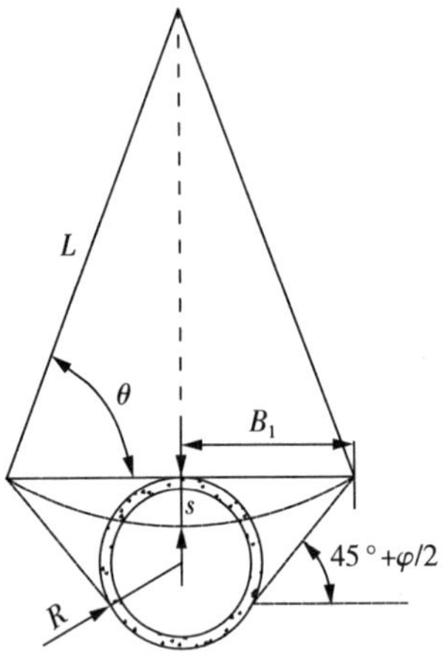

图 5-8　tanθ 计算示意图

式(5-28)表明了 $\tan\theta$ 与拱顶位移 S 的关系，S 越大，则 $\tan\theta$ 越小，预示着主应力旋转的角度越大。这样拱顶位移 S 以 $\tan\theta$ 为桥梁，由式(5-28)，并利用式(5-21)和式(5-22)，就建立起了 S 和松动土压力之间的联系。

算例：隧道直径为 6.2m，上覆土厚 20m，隧道埋深在轴线处 23.1m，砂性土，土体重度 20kN/m^3，对两种土体作比较，其内摩擦角分别为：$\varphi=30°$、$\varphi=20°$ 和 $\varphi=15°$，则 $K_a=0.59$，0.49 和 0.33，盾尾间隙选择如下数据进行分析：0，5mm，10mm，15mm，…，80mm，由本书推荐公式，可得

以拱顶位移 $S=60\text{mm}$ 为例，计算过程和计算结果展示如下：

$$K_a=\tan^2(45°-\varphi/2)=0.59$$

$$B_1=R\cot\left(\frac{\pi/4+\varphi/2}{2}\right)=3.1\times\cot(26.25°)$$

$$=6.29\ \tan\theta=\frac{B_1}{2S}-\frac{S}{2B_1}=\frac{6.29}{2\times0.06}-\frac{0.06}{2\times6.29}=52.38$$

$$A_1=\frac{1+K_a\tan^2\theta}{\tan^2\theta+K_a}\cdot\frac{(1-K_a)\tan\theta}{1+K_a\tan^2\theta}$$

$$=\frac{1+0.59\cdot52.38^2}{52.38^2+0.59}\cdot\frac{(1-0.59)\cdot52.38}{1+0.59\cdot52.38^2}$$

$$=0.0783$$

$$\sigma_v=\frac{B_1\gamma}{A_1}(1-e^{-\frac{A_1h}{B_1}})$$

$$=\frac{6.29\cdot20}{0.0783}(1-e^{-\frac{0.0783\cdot20}{6.29}})$$

$$=354.09(\text{kPa})$$

松动土压力 σ_v 与原始土压力 σ_{cz} 之比：

$$\sigma_v/\sigma_{cz}=354.09/(20\cdot20)=0.885$$

不同的盾尾空隙下，当 φ 等于15°和 φ 等于30°时，不同的盾尾空隙下的松动土压力与原始土压力之比见表5-1和表5-2所列。

表5-1 当 φ 等于15°时不同的盾尾空隙下的松动土压力与原始土压力之比

S/m	B_1/m	$\tan\theta$	A_1	σ_v/kPa	σ_v/σ_{cz}
0.005	6.29	628.62	0.0065	395.88	0.990
0.010	6.29	314.31	0.0130	391.81	0.980
0.015	6.29	209.54	0.0196	387.80	0.970
0.020	6.29	157.15	0.0261	383.85	0.960
0.025	6.29	125.72	0.0326	379.95	0.950
0.030	6.29	104.77	0.0391	376.10	0.940
0.035	6.29	89.80	0.0457	372.31	0.931
0.040	6.29	78.57	0.0522	368.56	0.921
0.045	6.29	69.84	0.0587	364.87	0.912
0.050	6.29	62.86	0.0652	361.23	0.903
0.055	6.29	57.14	0.0717	357.64	0.894
0.060	6.29	52.38	0.0783	354.09	0.885
0.065	6.29	48.35	0.0848	350.59	0.876
0.070	6.29	44.90	0.0913	347.15	0.868
0.075	6.29	41.90	0.0978	343.74	0.859
0.080	6.29	39.28	0.1043	340.39	0.851

表 5-2 当 φ 等于30°时不同的盾尾空隙下的松动土压力与原始土压力之比

S/m	B_1/m	$\tan\theta$	A_1	σ_v/kPa	σ_v/σ_{cz}
0.005	5.37	536.94	0.0124	390.89	0.977
0.010	5.37	268.47	0.0248	382.06	0.955
0.015	5.37	178.98	0.0372	373.49	0.934
0.020	5.37	134.23	0.0497	365.18	0.913
0.025	5.37	107.38	0.0621	357.12	0.893
0.030	5.37	89.49	0.0745	349.30	0.873
0.035	5.37	76.70	0.0869	341.71	0.854
0.040	5.37	67.11	0.0993	334.35	0.836
0.045	5.37	59.66	0.1117	327.20	0.818
0.050	5.37	53.69	0.1242	320.26	0.801
0.055	5.37	48.81	0.1366	313.52	0.784
0.060	5.37	44.74	0.1490	306.98	0.767
0.065	5.37	41.30	0.1614	300.63	0.752
0.070	5.37	38.35	0.1738	294.46	0.736
0.075	5.37	35.79	0.1862	288.47	0.721
0.080	5.37	33.55	0.1986	282.65	0.707

注：表中 σ_v 为松动土压力，σ_{cz} 为原始土压力。

不同的盾尾空隙下的隧道拱顶土压力与原始地应力之比如图 5-9 所示。

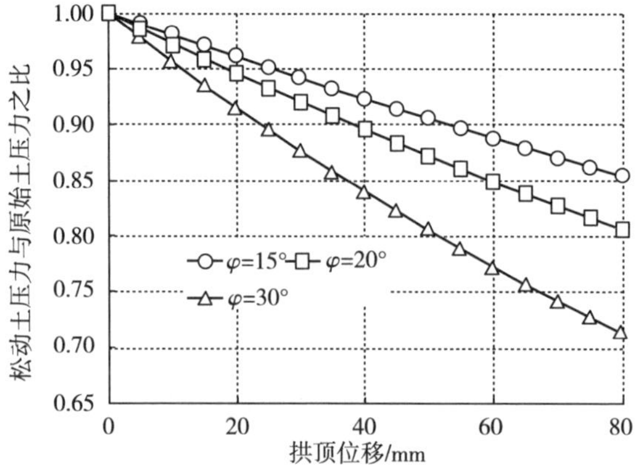

图 5-9 不同的拱顶位移下管片上的土压力

计算结果表明，隧道拱顶松动土压力与拱顶位移负相关，拱顶位移越大，土体本身强度利用越充分，也即土拱效应发挥越充分，隧道管片上的支护力也就越小。在盾构隧道施工中，拱顶位移取决于注浆量、注浆时机等施工参数，同时管片刚度的拱顶位移也有影响。当然，拱顶土压力的大小还与土体本身的性质相关，对于砂性土，土的内摩擦角越大，则相同拱顶位移下土的土拱效应发挥越充分，拱顶土压力越小。

5.5　土拱效应发展高度

土拱效应的产生是因为隧道临近土层中存在不均匀沉降，土中因此产生了剪应力，引起应力转移。如果隧道埋深较深时，土拱效应发展不到地表，只存在某一个深度范围内。由式(5-22)可知，土压力随深度逐渐趋于一恒定值，如图 5-10 所示。当隧道埋深超过一临界深度后，松动土压力的变化可以忽略，这一临界深度我们称之为土拱高度。在土拱高度以上土体中没有沉降差，也没有剪应力；从应力扰动的角度，可以认为只有土拱高度内的土体受到了隧道施工的扰动。

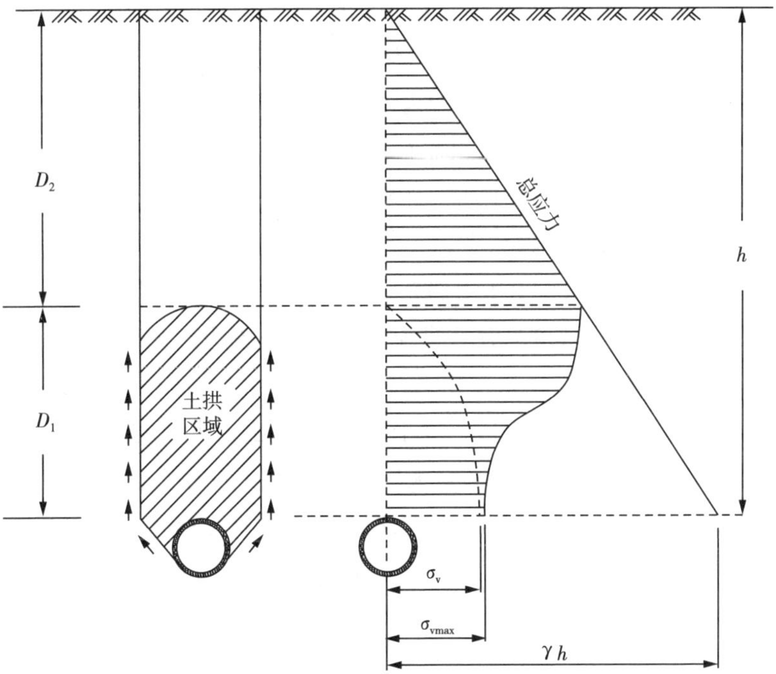

图 5-10　拱顶土压力与深度的关系

对于土拱高度，在岩土工程界有几种相近的概念，下面逐一介绍和讨论。

(1) 土体松动高度 h_0（张凤祥、朱合华等，2004）

$$h_0 = \frac{\sigma_{vmax}}{\gamma} \tag{5-29}$$

式(5-29)中 σ_{vmax} 为拱顶松动土压力极限值，随着隧道埋深的增加，其松动土压力逐渐趋近这一极限值，其含义如图 5-10 所示。

讨论：土的松动高度 h_0 并不能代表土的实际扰动范围，其物理含义是隧道拱顶实际的土压力大小等于 h_0 乘以土体重度。太沙基根据活动门试验结果，认为土拱效应影响的高度 D_1 要远远大于 h_0，因为 h_0 代表了作用在隧道拱顶实际上的土压力，因此，太沙基将其称为有效高度。

(2) 等沉面高度 D_1

为了表明土拱效应实际存在的范围，太沙基提出了等沉面的概念，邻近隧道的土体中存在不均匀沉降，有土拱效应存在；在拱顶一定高度，土中没有不均匀沉降，土中也没有剪应力，这被称为等沉面。等沉面以上的土体可以认为没有受到应力扰动。太沙基在试验基础上提出了一个估算等沉面高度 D_1 的公式。

$$D_1 \approx 1.5L = 3B_1 \tag{5-30}$$

式(5-30)中 L 代表土拱跨度，B_1 为松动带宽度。

讨论：等沉面高度 D_1 相比于有效高度 h_0 更能代表土体的扰动范围，但是太沙基只是从试验的结果给出了一个粗略的计算方法，没有从理论上进行分析和推导。实际上，等沉面高度 D_1 受土质条件和施工参数等因素影响，忽略这些影响因素来讨论其大小将失去其工程意义。

(3) 本书推荐方法：拱顶土压力趋于稳定时的深度 h

根据前文分析，土拱效应只存在拱顶一定高度范围内。如图 5-10 所示，随着隧道埋置深度的逐渐增加，开始土压力随深度增加很快，达到一定深度后增加缓慢，拱顶土压力无限趋近一恒定值。基于此，本书提出土拱高度的确定方法。土拱高度为该处拱顶松动土压力达到其最大值 σ_{vmax} 的某一百分比 ψ（例如 95%）。根据本书推荐的拱顶松动土压力计算公式，无黏性土土拱高度计算方法推导如下。

若取拱顶土松动压力与其最大值 σ_{vmax} 的比值为 ψ 时的位置处为土拱高度，如果地表没有荷载，由式(5-22)有：

$$\frac{B_1\gamma}{A_1}\left(1 - e^{-\frac{A_1 h}{B_1}}\right) = \frac{B_1\gamma}{A_1} \cdot \psi \tag{5-31}$$

对式(5－33)进行方程变换，有：

$$h=-\frac{B_1}{A_1}\ln(1-\psi) \tag{5-32}$$

式(5－32)为土拱高度的计算提供了一种简单实用的方法，若取 $\psi=95\%$，将其代入式(5－32)中可得土拱高度 $h=3B_1/A_1$。在土拱高度以上的土体可以认为没有受到施工扰动影响，因此，式(5－32)也为判断隧道施工土体范围的计算提供了一种简便方法。

5.6　管片刚度对其支护力的影响

隧道管片支护力在工程设计中是一个非常重要的指标，直接决定着工程造价和施工安全。

为简化分析，认为管片支护结构为线弹性材料，支护力 σ_a 和其径向位移 (u_a-u_0) 之间呈线性关系，即

$$\sigma_a=K_s(u_a-u_0) \tag{5-33}$$

式中：u_a—— 平衡时隧道洞周径向位移；

u_0—— 注浆开始发挥作用时隧道周边位移值。

很明显，管片刚度 K_s 越小，径向位移越大。假定隧道洞周位移相同，即拱顶位移 S 等于径向位移 (u_a-u_0)。根据本书提出的土拱理论，拱顶位移影响着土拱效应的发挥，拱顶位移越大，土拱效应发挥越完全，拱顶土压力越小；松动土压力减小又会减小管片的变形，使得拱顶位移减小。因此隧道拱顶位移和土压力之间是一个复杂的、相互影响的关系，要获得最终平衡状态的拱顶位移和管片支护力大小，需要采用迭代分析计算方法。

由式(5-24)，有 $\sigma_v=\dfrac{B_1\gamma-A_1\sigma_0}{A_1}\left(1-e^{-\frac{A_1}{B_1}\gamma}\right)+qe^{-\frac{A_1}{B_1}\gamma}$，式中，$A_1$ 值可以根据拱顶位移 S 由公式(5－25)和(5－28)求取。

在最终的平衡状态，存在以下等式：

$$\sigma_a=\sigma_v$$

根据迭代计算的要求，具体步骤如下：

(1) 首先根据经验假定一支护力 σ_a。

(2) 将假定支护力代入公式 $\sigma_a = K_s(u_a - u_0)$ 中计算拱顶位移 $S = u_a - u_0$。

(3) 将计算的 S 代入公式(5-28) 求取 $\tan\theta$，再将 $\tan\theta$ 代入公式(5-25) 求取 A_1，再将 A_1 值代入式 $\sigma_v = \dfrac{B_1\gamma - c}{A_1}\left(1 - e^{-\frac{A_1 h}{B_1}}\right) + qe^{-\frac{A_1 h}{B_1}}$ 中求得 σ_v。

(4) 如果 $\sigma_a = \sigma_v$，表明开始假定的 σ_a 是正确的，管片支护力大小就等于 σ_a；如果两者不相等，则将计算得到的 σ_v 代入式(5-33) 中，通过等式 $\sigma_v = K_s(u'_a - u_0)$ 计算洞周径向位移 $u'_a - u_0$，随后将 $u'_a - u_0$ 代入式(5-28) 求取 $\tan\theta$，再由式(5-25) 求取 A_1，再将 A_1 代入式 $\sigma'_v = \dfrac{B_1\gamma - c}{A_1}\left(1 - e^{-\frac{A_1 h}{B_1}}\right) + qe^{-\frac{A_1 h}{B_1}}$ 中求取 σ'_v，再一次比较 σ'_v 值和 σ_a 大小，如果 $\sigma_a = \sigma'_v$，则终止计算，管片支护力大小等于 σ'_v；如果不相等，则再一次循环计算，如此类推，直至两者的误差在接受范围内，终止计算。

5.7 本章小结

在盾构隧道施工中，因管片支护和注浆填充，隧道拱顶土体位移受限制，土拱效应不完全发挥，土体剪应力小于其抗剪强度，使得太沙基松动土压力理论不适用于盾构隧道。针对这一情况，在本章中，本书作者在 Handy 理论基础上推导了土的侧压力系数计算公式，得出侧压力系数的变化规律，其值与主应力旋转角度相关，其大小在主动土压力系数和被动土压力系数之间变化；并认为土拱效应的发挥和隧道拱顶位移相关，据此，在太沙基松动土压力理论基础上推导了一种可以考虑地层损失和管片刚度的松动土压力计算公式；并通过对土拱高度的讨论，提出一种简化的隧道施工扰动范围判断方法，并得出以下结论：

(1)当存在土拱效应时，土的侧压力系数不再是一定值，其值与主应力旋转角度有关系，也即与盾构施工的地层损失、应力释放等影响拱顶位移的施工因素有关，其大小在主动土压力系数和被动土压力系数范围内变化。

(2)隧道开挖后隧道管片上的松动土压力比上覆自重会有很大的减小，减小的程度与土拱效应的发挥有关系；拱顶位移越大，土拱发挥越完全，管片松动土压力越小，土中剪应力越大。

(3)根据土拱高度的定义和松动土压力随深度变化的规律，推导了土拱高度的计算公式，并据此提出了盾构施工扰动的一种简化计算方法。

(4)因隧道拱顶位移和松动土压力相互影响，管片刚度也会影响其最终支护力的大小，根据本书提出的松动土压力公式，提出了精确计算隧道管片支护力和拱顶位移的迭代计算方法。

采用本章推荐的基于不完全土拱效应计算松动土压力方法，充分考虑了管片刚度和地层损失等因素，相比于太沙基松动土压力理论更加适合工程实际情况，对于隧道衬砌管片支护力的计算更加精确。

第 6 章　考虑土拱效应的隧道开挖面支护力计算方法

6.1　概　述

盾构隧道施工过程中，开挖面支护力是非常重要的一个工程设计参数，支护压力过大会引起盾构前方土体被挤压隆起，并增大刀盘扭矩，加速刀盘磨损；支护压力不足则会导致开挖面前方土体松弛坍塌。为避免盾构隧道开挖面前方土体失稳引起破坏，提出开挖面支护压力的合理计算方法是关键。施工使得开挖面前方土体应力重分布，产生的土拱效应对开挖面稳定性及地表沉降有重要影响，要准确计算极限支护力，对开挖面上方的土拱效应需进行深入分析。在实际工程中，土体主动松弛破坏相比于被动挤压破坏，其发展更加迅速，危害性更大，因此本研究主要针对维持开挖面稳定的最小支护力计算方法进行分析研究。

开挖面支护力计算方法众多，主要有：通过大量试验建立的经验公式法，利用塑性理论的极限分析法，以及规范法、楔形体极限平衡方法等。经验公式法虽然应用简单，参数相对较少，但是其公式一般建立在特定、有限的试验和土质条件基础上，和工程实际存在差别，没有普适性；极限分析法则因其应用较复杂，且参数众多，部分参数取值困难，影响了其工程应用；相对于其他方法，楔形体极限平衡方法模型简单，受力分析明确，在工程中有着广泛的应用。

1961 年，Horn 首先提出了楔形体开挖面稳定模型，为简化分析，Horn 对模型做了大量简化，如通过面积等效将圆形隧道开挖面等效为矩形，将开挖面前方滑动区土体简化为楔形体，楔形体上方则为棱柱体，如图 6 - 1 所示。

Horn 楔形体模型因其简单实用，在工程中得到了广泛应用，但因其假定的滑动区和工程实际不符，且未考虑土拱效应，计算结果误差较大。

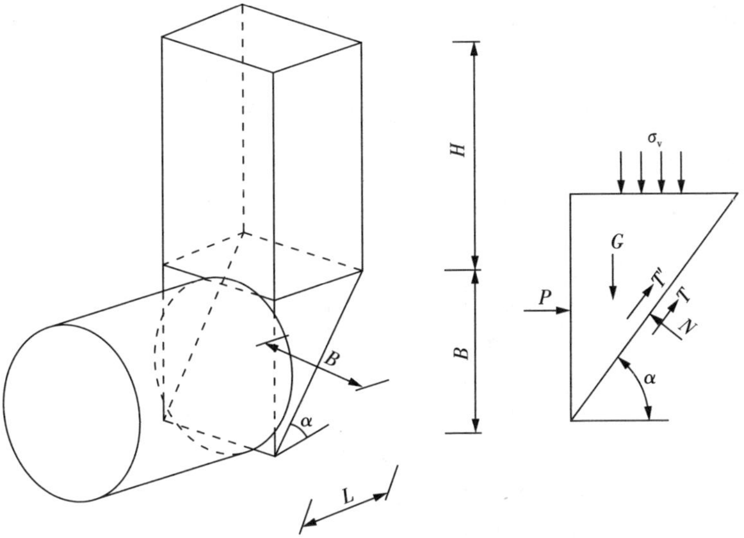

图 6-1　Horn 法隧道开挖面稳定性模型

Anagnostou(2012)考虑了楔形体水平拱效应,并给出了相应的极限支护压应力计算公式．李君等(2011)通过模型试验研究了成拱机理,分析了土拱作用下开挖面支护力与开挖面位移的关系。武军等(2015)在考虑松动土体内的三维土拱效应和开挖土体与刀盘的摩擦力的基础上,改进了筒仓楔形体模型,给出了松动区土体对刀盘压应力的分布形式,并分析了相关物理参数对松动土压应力的形式和大小的影响。宋锦虎等(2015)认为,地下水存在会对土拱效应产生明显影响,并针对水土耦合作用对开挖面上方土拱效应的影响进行综合分析,研究地下水对土拱高度的影响原理,并结合楔形体模型分析地下水对开挖面最小支护力的影响。林海山(2016)通过盾构隧道模型试验,分析了开挖面位移与开挖面前方土体形成土拱承载区的关系,并提出了开挖面支护力的简化计算方法。孙潇昊等(2017)利用二维颗粒流程序分析了盾构隧道不同埋深时开挖面前方土体内的土拱形成发展情况,并分析了土拱效应对开挖面极限支护力的影响。

6.2　开挖面前方土体三维松动土压力计算理论

太沙基松动土压力计算公式是在假定平面应变条件下的二维结构受力计算分析得到的,对于隧道开挖面,滑动区土体不符合平面应变条件时,需考虑土体由于水平卸载在重力作用下向下移动，形成一个三维松动区域，假定柱体的宽度为 $2B$，柱体长度为 L，隧道开挖半径为 R。

楔形体上方则松动区域为棱柱体，假定棱柱体的宽度为 $2B$，柱体长度为 L，隧道开挖半径为 R。其作用在楔形体上的土压力要考虑土拱效应，其松动土体微单元土柱尺寸及受力如图 6－2 所示，建立竖向受力平衡方程如下。

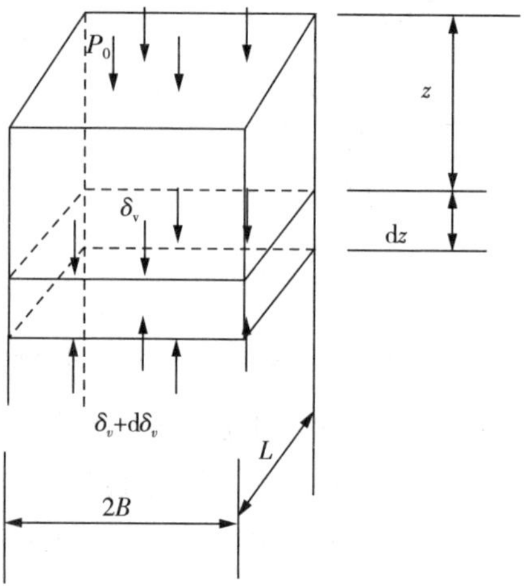

图 6－2　三维松动土压力微单元计算模型

$$2BL\sigma_v + 2BL\gamma dz = 2BL(\sigma_v + d\sigma_v) + 2(2B+L)cdz ++ 2(2B+L)K\sigma_v \tan\varphi dz \tag{6-1}$$

化简后得：

$$\frac{d\sigma_v}{dz} + \frac{(2B+L)K\tan\varphi}{BL}\sigma_v + \frac{(2B+L)c - BL\gamma}{BL} = 0 \tag{6-2}$$

式(6－2) 为一阶非齐次常系数微分方程，可求得其通解为：

$$\sigma_v = \frac{BL\gamma - (2B+L)c}{(2B+L)K\tan\varphi}\left(e^{\frac{(2B+L)K\tan\varphi}{BL}z} + C\right) \cdot e^{-\frac{(2B+L)K\tan\varphi}{BL}z} \tag{6-3}$$

式中：C—— 待定常数；假设地面超载为 P_0，则得到边界条件，$z=0$ 时，$\sigma_v = P_0$，代入上式得：

$$C=P_0+\frac{(2B+L)c-BL\gamma}{(2B+L)K\tan\varphi} \tag{6-4}$$

则得拱顶竖向应力 σ_v 为：

$$\sigma_v=\frac{BL\gamma-(2B+L)c}{(2B+L)K\tan\varphi}\left(1-e^{-\frac{(2B+L)K\tan\varphi\cdot z}{BL}}\right)+P_0\cdot e^{-\frac{(2B+L)K\tan\varphi\cdot z}{BL}} \tag{6-5}$$

式中：$2B$—— 土层松动范围横向尺寸，其中 $B=R+R\tan(\pi/4-\varphi/2)$；

L—— 土层松动范围纵向尺寸，$L=2R\tan(\pi/4-\varphi/2)$；

R—— 隧道半径(m)；

K—— 土体侧压力系数；

C—— 土体黏聚力(kPa)；

φ—— 土体内摩擦角。

取隧道拱顶竖向作用力为 P_v，则 $P_v=\sigma_v BL$(kN)。

图 6-1 中 G 为隧道拱顶以下滑动土楔体的自重，N 为滑动面上的法向支撑力，T 为滑动面上的切向力。根据开挖面前方楔形体的静力平衡，楔形体模型开挖面支护力计算公式如下：

$$P=\varepsilon(P_v+G)-\left(\frac{cB^2}{\sin\alpha}+2T'\right)(\varepsilon\sin\alpha+\cos\alpha) \tag{6-6}$$

式中各参数如图 6-1 所示，其中：

P—— 开挖面支护力；

ε—— 参数，$\varepsilon=\dfrac{\sin\alpha-\cos\alpha\tan\varphi}{\sin\alpha\tan\varphi+\cos\alpha}$

P_v—— 隧道拱顶竖向作用力，$P_v=\sigma_v BL$，σ_v 为拱顶竖向应力，考虑土拱效应，其大小为：

$$\sigma_v=\frac{BL\gamma-2(B+L)c}{(B+L)K\tan\varphi}\left(1-e^{-\frac{2(B+L)K\tan\varphi\cdot H}{BL}}\right)+P_0\cdot e^{-\frac{2(B+L)K\tan\varphi\cdot H}{BL}} \tag{6-7}$$

式中：P_0—— 地面超载。

T'—— 块体侧向滑动面上的摩阻力，计算公式如下：

$$T'=\frac{B^2}{2\tan\alpha}(c+K\sigma'_z\tan\varphi) \tag{6-8}$$

式中：σ'_z—— 侧向滑动面上的竖向平均应力。

从式(6-6)中可以看到，采用极限平衡方法计算盾构隧道开挖面支护力，其准确性取决于以下四个方面：滑动面摩擦力、滑动面支持力、滑动区土体的重量，以及拱顶以上土体是否考虑土拱效应。都与土体的滑裂面的形状关系密切，因此要准确预估开挖面支护力，对滑裂面的选择是否精确至关重要。为提高计算精确性，不少学者在 Horn 模型的基础上进行了修正。

董小卫等(2020)对 Horn 模型进行了部分优化，将土体滑动区上部的棱柱体用有一定倾角的倒棱台进行替代；胡欣雨则根据土体实际塌落区域形态，将楔形体模型隧道两侧的滑动面与垂直方向假定一张开角度 β，如图 6-3 所示。

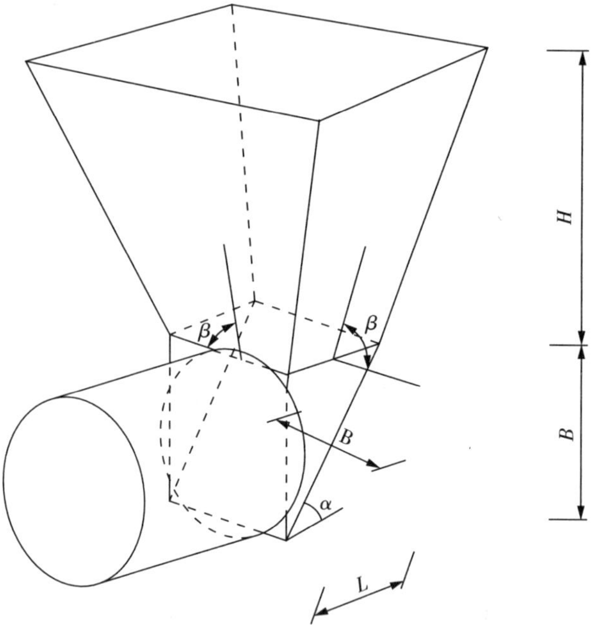

图 6-3　倒棱台体三维楔体模型

为进一步提高计算精度，魏纲等(2005)假定开挖面前方土体为一个梯形楔体，梯形楔体上部为梯形棱柱体，如图 6-4 所示。

综上所述，为了方便计算，目前的楔形体极限平衡方法普遍采用面积等效将隧道圆形开挖面等效为面积相同的矩形或正方形，滑裂面假定为平面进行处理来简化分析。在实际工程中，土体滑裂面是一个空间的三维曲面，近年来学者们虽然不断改进楔体和棱柱形状使其尽可能接近土体实际破坏面，但与实际的滑动块形状

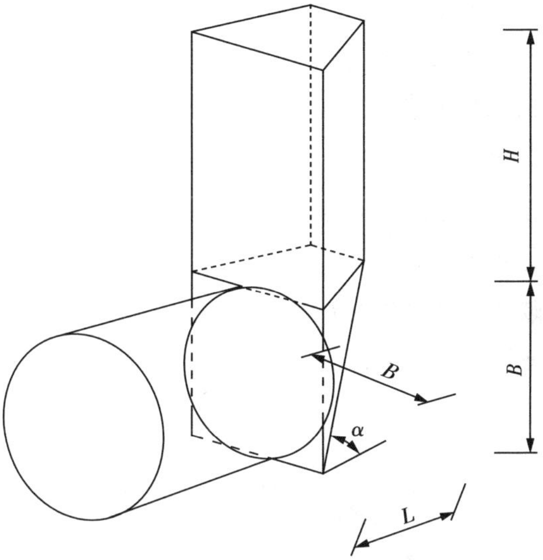

图 6-4 魏纲梯形楔体模型

依然存在着较大的不同，这必然使得受力分析出现误差，并最终影响到开挖面支护力计算的精确性。

日本学者在太沙基松动土压力理论基础上，通过改变原点 O 及松动宽度，利用力矩平衡求解开挖面稳定时所需要的最大水平力 P 的公式，计算模型如图 6-5 所示。

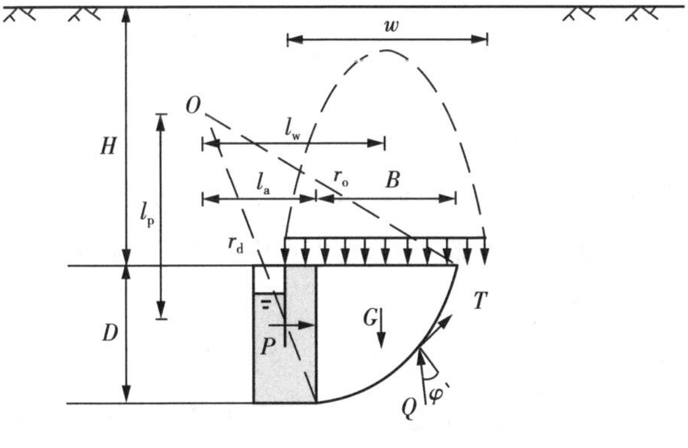

图 6-5 村山模型

图 6-5 中：O—— 对数螺旋线中心；

l_p、l_w——O 点到松动区中心垂直和水平距离；

l_a——O 点到开挖面距离；

B—— 滑动区宽度；

w—— 松动区宽度；

r_o、r_d—— 对数螺旋线半径；

H—— 盾构隧道拱顶埋深；

D—— 盾构直径；

P—— 盾构开挖面支护力；

G—— 滑动区土块重量；

T—— 破坏面上摩擦阻力；

Q—— 破坏面上支持力。

$$r = r_0 \cdot e^{\theta \cdot \tan\varphi} \tag{6-9}$$

$$q = \frac{\alpha B(\gamma - 2c/\alpha B)}{2K\tan\varphi}\left(1 - e^{-\frac{2K\tan\varphi \cdot H}{\alpha B}}\right) \tag{6-10}$$

$$P = \frac{1}{l_p}\left\{G \cdot l_w + q \cdot B(l_a + B/2) - \frac{c}{2\tan\varphi}(r_d^2 - r_0^2)\right\} \tag{6-11}$$

式中：q—— 松动土压力；

α—— 试验常数($\alpha = 1.8$)；

K—— 土压力系数；

c—— 黏聚力；

φ—— 内摩擦角；

G—— 滑移线所包围土体重量。

1981 年，针对黏性土地层下盾构隧道开挖面的局部破坏模式问题，Davis 等提出了一个三维水平球缺形的开挖面局部破坏模型。张孟喜等(2021)按照土体三维极限平衡理论，提出三维球缺形破坏模式下盾构开挖面局部破坏主动极限支护压力计算方法。

三维水平球缺形局部稳定性模型如图 6-6 所示，其中，α 为 XOZ 平面内直线与 X 轴正向夹角；β 为 YOZ 平面内直线与 Y 轴正向夹角。对于球缺 ABC，$\alpha \in (0,\theta)$，$\beta \in (0,2\pi)$，θ 为球缺的底张角。

计算的基本假设为：

(1) 破坏面周围土体在开挖面局部范围内符合太沙基竖向土压力理论；

(2) 土层均匀分布且呈各向同性；

(3) 破坏面上竖向应力呈线性分布；

(4) 盾构断面位于同一土层中。

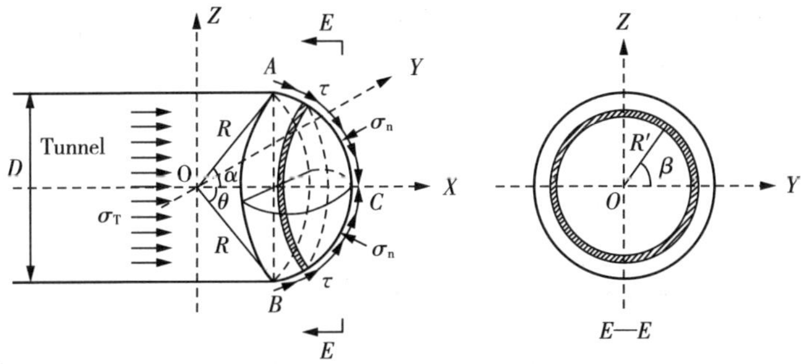

图 6-6　三维水平球缺形局部稳定性模型

张孟喜考虑了深埋盾构隧道周围土体中的土拱效应，并定义盾构中心轴线上方 L 高度范围内区域为土拱效应区，土拱效应示意图如图 6-7 所示。

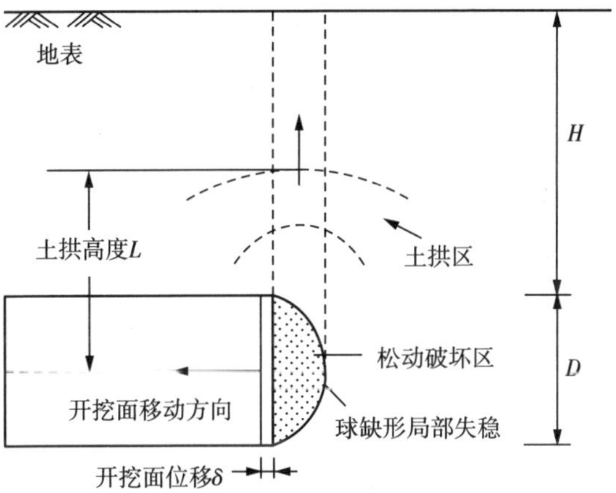

图 6-7　三维水平球缺形局部稳定性模型中的土拱效应示意图

图 6-7 中，L 为土拱区高度。土拱区上方覆土的竖向土压力按照土体自重进行计算，土拱高度内的竖向土压力按太沙基理论计算。则球缺面中心竖向土压力按太沙基理论计算：

$$\sigma_{v1}=\frac{\alpha_1\gamma-c}{K\tan\varphi}\left(1-\mathrm{e}_1^{-K\tan\varphi\cdot\eta}\right)+P_0\cdot\mathrm{e}^{-K\tan\varphi\cdot\eta_1} \tag{6-12}$$

式中：$\alpha_1=\dfrac{Dh}{2(D+h)}$；

$\eta_1=\dfrac{H_1}{\alpha_1}$；

$H_1 = L - \frac{D}{4}$;

γ, c, φ 分别为盾构断面所在土层土体的重度、黏聚力和内摩擦角;h 为球缺形的高,P_0 为土拱效应区顶端的竖向土压力(等于全覆土重量)。

球缺形破坏面底部竖向土压力按 BC 中心处的太沙基竖向土压力 σ_{v2} 进行计算:

$$\sigma_{v2} = \frac{\alpha_2 \gamma - c}{K\tan\varphi}\left(1 - e_2^{-K\tan\varphi \cdot \eta}\right) + P_0 \cdot e^{-K\tan\varphi \cdot \eta_2} \tag{6-13}$$

在球坐标系中,破坏面上任意一点的竖向土压力:

$$\begin{aligned}\sigma_v &= \sigma_{v0} + \Delta\sigma_v \sin\alpha\sin\beta \\ &= \frac{\sigma_{v1} + \sigma_{v2}}{2} + \frac{\sigma_{v2} - \sigma_{v1}}{2}\sin\alpha\sin\beta\end{aligned} \tag{6-14}$$

破坏面上水平应力:

$$\begin{aligned}\sigma_h &= \sigma_v \cdot K \\ &= \frac{\cos^2\theta + K_a \sin^2\theta}{\sin^2\theta + K_a \cos^2\theta}\sigma_v\end{aligned} \tag{6-15}$$

式中:θ—— 滑裂面与水平面夹角,取 $\theta = \pi/4 + \varphi/2$;

K—— 土拱效应部分发挥后土中侧向压力系数;

K_a—— 主动土压力系数,$K_a = \tan^2(45° - \varphi/2)$。

破坏面上法向应力:

$$\sigma_n = \left[\frac{1 + K_h}{2} + \frac{1 - K_h}{2}\cos 2\beta\right]\sigma_v \tag{6-16}$$

破坏面上切向应力:

$$\tau = c + \sigma_n \tan\varphi \tag{6-17}$$

法向应力 σ_n 合力在 x 方向上的分量

$$\begin{aligned}F_n &= \iiint\limits_{\Omega xyz} \sigma_n \cos\alpha \, dx dy dz \\ &= \iiint\limits_{\Omega xyz} \sigma_n r^2 \cos\alpha \sin\alpha \, dr d\alpha d\beta \\ &= \frac{1}{12} h^3 \pi (1 + K)(\sigma_{v1} + \sigma_{v2}) \sin^2\theta\end{aligned} \tag{6-18}$$

切向应力 τ 合力在 x 方向上的分量

$$
\begin{aligned}
F_{\tau} &= \iiint_{\Omega xyz} \tau \cos\alpha \mathrm{d}x\mathrm{d}y\mathrm{d}z \\
&= \iiint_{\Omega xyz} \tau r^{2} \cos\alpha \sin\alpha \mathrm{d}r\mathrm{d}\alpha\mathrm{d}\beta \\
&= \frac{1}{12} h^{3} \pi [4c + (1+K)(\sigma_{v1} + \sigma_{v2})] \sin^{2}\theta \tan\varphi
\end{aligned}
\tag{6-19}
$$

根据开挖面水平方向上力的平衡可求得主动破坏平均极限支护压力：

$$
\sigma_{T} = \frac{F_{n} - F_{\tau}}{A} \tag{6-20}
$$

6.3 本书作者提出的研究模型

由公式(6-6)演算可知，传统楔形体模型侧面摩擦力的计算对最终支护力的结果影响非常大，侧面摩擦力的取值是否准确是影响开挖面支护力计算结果精确性的主导因素，其次则是滑移体本身的重量和土体支持力。

楔形体在计算总摩擦力的时候，假定其竖向应力 σ_z 随埋深线性变化并采用积分求取侧面三角形范围内的平均应力 σ_z'，随后乘以侧压力系数和 $\tan\varphi$ 求得侧面摩擦应力，合并黏聚力后再乘以侧面三角形面积得到侧面总摩阻力 T'。这样处理其实并不合理，因为土体应力扰动，σ_z 随着埋深变化的规律极其复杂，并非随着深度线性增长，这一点已得到大量的试验及工程实践验证；并且侧压力系数采用静止土压力系数 $K_0 = 1 - \sin\varphi$ 也会出现较大误差，且不说砂性土和黏性土计算侧压力系数的差异，其更大的误差源来自土拱效应。在开挖面前方土体受扰动剧烈，主应力会发生偏转，这种情况下采用静止土压力系数作为侧压力系数非常不合理，也低估了土体自身的承载力，使得最终的计算结果出现较大误差。

根据赵文等(2017)的算例分析，采用楔形体模型，侧面摩擦力改变占到开挖面支护合力 P 计算结果的比例高达66.55%，而因土体自重和土体的侧面支持力这两项所占比例则分别仅为25.81%和7.64%，因此侧面摩擦力取值是否精确对开挖面支护力计算的精确性有着非常大的影响。

鉴于以上分析，本研究提出的模型有一个重要的考虑，就是在计算中避开侧面摩擦力的计算，其依据是本研究模型由半圆台和隧道拱底部分球体构成，该滑移体沿隧道的竖向轴线方向存在一个垂直的对称面，而滑动区在任何埋深位置的水平截面都是一个半圆，因此周边土体对滑动土体的侧面摩擦力和法向支持力的合力必然都在滑动块的竖向对称面上，这样模型的受力分析大大简化，避开了很难准确估算的滑移体侧面摩擦力，也就大大地提高了开挖面支护力计算结果的精确性。

大量的工程实践及试验结果表明，盾构开挖面在发生主动破坏时，土体滑动区侧面是一个空间曲面，其水平剖面外轮廓近似呈圆弧状，竖直剖面外轮廓在隧道拱底处近似为一段圆弧，随后以倾角 $45° + \varphi/2$ 的近似直线向地表扩展，鉴于此，本研究模型如图 6 - 8 所示。

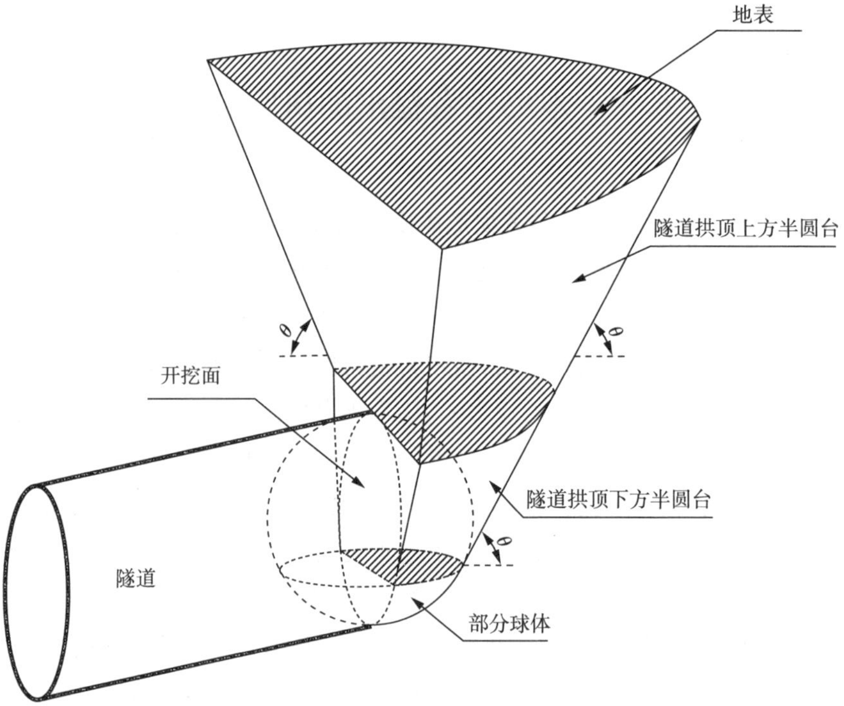

图 6 - 8　改进的三维楔体模型

6.3.1　隧道拱顶以下滑移区土体受力分析

拱顶以下滑动土体受到 5 个力的作用：隧道拱顶上部土体传递下来的力 P_v、滑

动块土体自重 G、开挖面支护力 P、滑裂面上土体的支持力 N 和切向力 T。其中开挖面支护力 P 为待求值，滑裂面上的支持力 N 和切向力 T 为未知量，总共三个未知数可以通过建立三个方程进行求解。下面针对本研究提出的模型进行具体受力分析，模型作了以下假定：

(1) 土体均质，各向同性，滑动面上土体破坏服从莫尔-库伦准则。

(2) 滑动土体是刚体，不考虑应力变化在土体内部产生的变形。

6.3.2　组合型曲面体构成

隧道拱顶以下滑动区域是由半圆台和部分球体组成的，如图 6-9 所示。

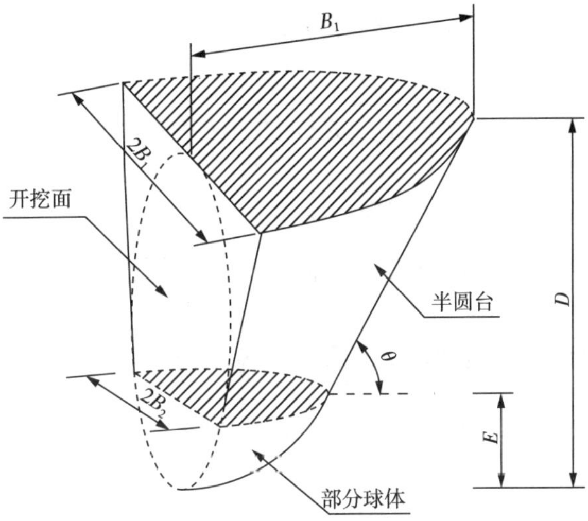

图 6-9　组合型曲面体构成示意图

设隧道拱顶滑动土柱的宽度为 B，$B=2B_1$，其中 B_1 为松动带宽度，若隧道半径为 R，则 $B_1=R\cot\left(\frac{\pi/4+\varphi/2}{2}\right)$，如图 6-10 所示。

$$
\begin{aligned}
B_2 &= B_1 - B_1\cos(\pi/4+\varphi/2) \\
&= R\cot\left(\frac{\pi/4+\varphi/2}{2}\right)[1-\cos(\pi/4+\varphi/2)] \\
&= R\sin(\pi/4+\varphi/2) \qquad (6-21)
\end{aligned}
$$

$$
E = 2R - B_1\sin(\pi/4+\varphi/2)
$$

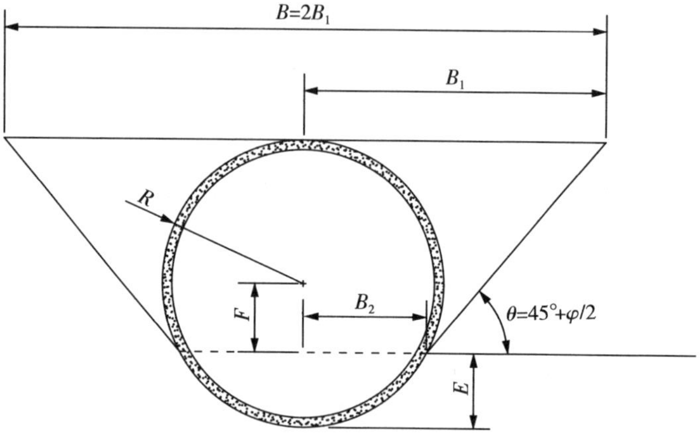

图 6-10　隧道拱顶滑动土柱宽度计算示意图

$$=2R-R\cot\left(\frac{\pi/4+\varphi/2}{2}\right)\sin(\pi/4+\varphi/2)$$

$$=2R\sin^2(\pi/8+\varphi/4) \tag{6-22}$$

$$F=R-E=R\cos(\pi/4+\varphi/2) \tag{6-23}$$

6.3.3　滑动区局部球体体积 V_2 的计算

将球面水平分成 n 小薄片，假定每个薄片的厚度为 $\mathrm{d}h$，如图 6-11 所示。

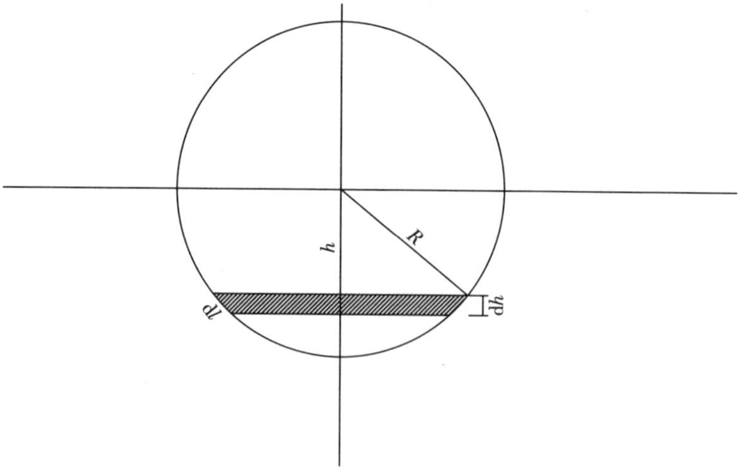

图 6-11　局部球体体积计算示意图

$$V_2{}' = \int_{R\cos(\pi/4+\varphi/2)}^{R} \pi(R^2 - h^2)\mathrm{d}h$$

$$= \pi R^2[R - R\cos(\pi/4 + \varphi/2)] - \frac{1}{3}\pi[R^3 - R^3\cos^3(\pi/4 + \varphi/2)]$$

$$= \frac{1}{3}\pi R^3[1 - \cos(\pi/4 + \varphi/2)]\{3 - [1 + \cos(\pi/4 + \varphi/2) + \cos^2(\pi/4 + \varphi/2)]\}$$

$$= \frac{1}{3}\pi R^3[1 - \cos(\pi/4 + \varphi/2)][1 - \cos(\pi/4 + \varphi/2) + \sin^2(\pi/4 + \varphi/2)]$$

$$= \frac{1}{3}\pi R^3[2 - 2\cos(\pi/4 + \varphi/2) - \cos(\pi/4 + \varphi/2) \cdot \sin^2(\pi/4 + \varphi/2)] \tag{6-24}$$

滑动区局部球体体积

$$V_2 = \frac{1}{2}V_2{}' = \frac{1}{6}\pi R^3[2 - 2\cos(\pi/4 + \varphi/2) - \cos(\pi/4 + \varphi/2) \cdot \sin^2(\pi/4 + \varphi/2)] \tag{6-25}$$

6.3.4 滑动区局部球体滑裂面面积 S_2 计算

将球面水平分成 n 小薄片，假定每个薄片的厚度为 $\mathrm{d}h$，每个薄片的边缘弧长为 $\mathrm{d}l$，则根据数学关系，有：

$$\frac{\mathrm{d}l}{\mathrm{d}h} = \frac{R}{\sqrt{R^2 - h^2}} \tag{6-26}$$

则薄片的球面面积

$$\Delta S = 2\pi\sqrt{R^2 - h^2}\,\mathrm{d}l = 2\pi\sqrt{R^2 - h^2}\,\frac{R}{\sqrt{R^2 - h^2}}\mathrm{d}h$$

$$= 2\pi R\mathrm{d}h \tag{6-27}$$

局部球面面积

$$S_2{}' = \int_{R\cos(\pi/4+\varphi/2)}^{R} 2\pi R\mathrm{d}h = 2\pi R[R - R\cos(\pi/4 + \varphi/2)]$$

$$= 2\pi R^2[1 - \cos(\pi/4 + \varphi/2)] \tag{6-28}$$

滑动区局部球面面积

$$S_2 = \frac{1}{2}S_2{}' = \pi R^2[1 - \cos(\pi/4 + \varphi/2)] \tag{6-29}$$

6.3.5 受力分析

下面进行受力分析，鉴于本模型的对称性，隧道拱顶以下滑动区受力图可简化如图 6-12 所示。

图 6-12 中 V_1 为滑动区半圆台体积，V_2 为滑动区局部球体体积，P 为开挖面支护力，G 为隧道拱顶以下滑动土楔体的自重(包括 V_1 和 V_2 两部分)，P_v 为隧道拱顶以上滑动土体传下来的竖向荷载，N 为滑动面上的法向支撑力，T 为滑动面上的切向力(为黏聚力 C 和摩擦力 f 在切向的合力)，其中，摩擦力 f 和 N 的关系作如下推导。

水平截取曲面体得到一半圆，如图 6-13 所示，假定其侧面土压力为 p_a，为求取其在 x 轴方向的合力 N，对其进行曲线积分：

$$\oint_L p_a \cos t \mathrm{d}s = \int_{-\frac{\pi}{2}}^{\frac{\pi}{2}} p_a \cos t \cdot R\mathrm{d}t = 2Rp_a \tag{6-30}$$

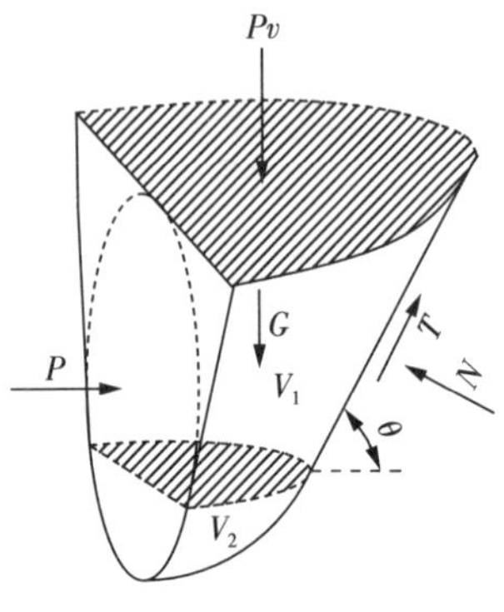

图 6-12　组合型曲面体受力示意

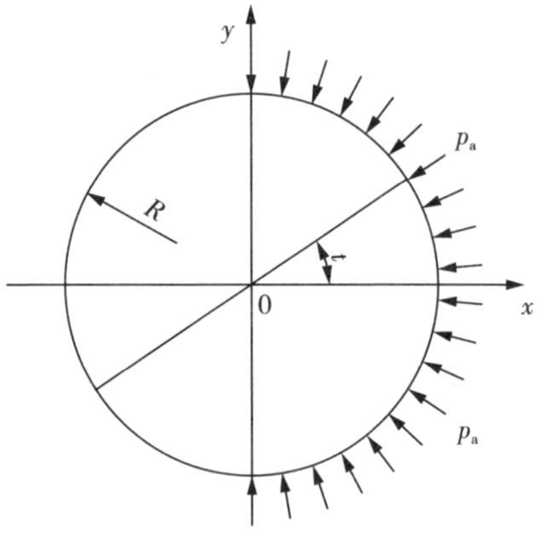

图 6-13　滑裂面摩擦力计算示意图

设 x 轴方向的合力为 N，则 $p_a = \frac{N}{2R}$，故摩擦力为：

$$f = \frac{N}{2R} \cdot \pi R \cdot \tan\varphi = \frac{\pi N}{2}\tan\varphi \tag{6-31}$$

故，结合组合型曲面体在水平和垂直方向力的平衡可列出如下方程组：

$$P = N\sin\theta - T\cos\theta$$

$$P_v + G = N\cos\theta + T\sin\theta \tag{6-32}$$

$$T = C + \frac{\pi N}{2}\tan\varphi$$

联立求解方程组(6－32)，消除 T 和 N，可以求得维持开挖面稳定的最小支护力：

$$P = \frac{(P_v + G)\left(\sin\theta - \frac{\pi}{2}\cos\theta\tan\varphi\right) - C}{\frac{\pi}{2}\sin\theta\tan\varphi + \cos\theta} \tag{6-33}$$

式中：G—— 滑移体重量(kN)，等于半圆台和隧道拱底局部球体内土体重量之和，$G = (V_1 + V_2)\gamma$，V_1 和 V_2 分别为半圆台和局部球体体积，$V_1 = \frac{\pi R[1 + \cos(\pi/4 + \varphi/2)]}{6}(B_1^2 + B_1 B_2 + B_2^2)$，$V_2$ 的计算见式(6－25)；

C—— 滑裂面土体粘聚力合力(kN)，$C = (S_1 + S_2) \cdot c$，S_1 和 S_2 分别为半圆台和局部球体滑裂面面积，$S_1 = \pi \frac{R[1 + \cos(\pi/4 + \varphi/2)]}{2\sin\theta}(B_1 + B_2)$，$S_2$ 的计算见式(6－29)，c 为土的黏聚力，kPa；

θ—— 滑裂面与水平面夹角，取 $\theta = \pi/4 + \varphi/2$；

φ—— 土的内摩擦角。

6.3.6　分析讨论

通过前文的分析，对开挖面支护力计算精确性影响最大的是滑裂面的侧面摩擦力，本研究提出的曲面体模型与楔形体模型相比，不但公式(6－33)相比于公式(6－6)更加简洁，且少了使开挖面支护力计算容易出现较大误差的滑裂面侧面摩擦力参数；滑动区也更符合工程实际形状，因此滑动区土体重量也更接近实际值；并且侧面支护力的计算也避开了静止土压力系数的估算，而是直接通过力的平衡方程来计算，因此本研究模型相比于当前工程界广泛应用的等效面积方法更加合理，提出的开挖面支护力计算公式更加精确。

当然，本模型为了简化分析，在进行曲面体受力分析时也做了一点简化处理，就是认为曲面体下部分的局部球体在滑裂面上的法向合力和切向抗滑移合力的方向都与曲面体上部分的半圆台相同，这样假定会存在一点误差，但引起的误差值是很小的，因为滑裂面中局部球面部分的面积 S_2 相对于半圆台部分的侧面面积 S_1 而言其比例较小，如 $\varphi=20^{\circ}$ 时，S_2 约为 S_1 的 1/7。

但这样做的好处是显而易见的，因为这样处理后在列力的平衡方程的时候减少了 2 个未知量，使得 N 和 T 可以直接通过列平衡方程求出，而不需估算滑裂面的侧压力系数和垂直土压力来进行确定(因土拱效应的存在，并且不同的隧道施工环境下土拱效应发挥的程度不一样，使得这两个值很难估算准确)。

6.4　隧道拱顶以上半圆台滑动块受力分析

6.4.1　概述

隧道拱顶上覆土传递下来的应力计算，对于浅埋隧道可以直接采用土体自重应力；对于深埋隧道，则需考虑土拱效应，一般采用太沙基土压力公式计算，即公式(6－7)。如果没有地面超载，太沙基土压力随着深度的变化如图 6－14 所示。

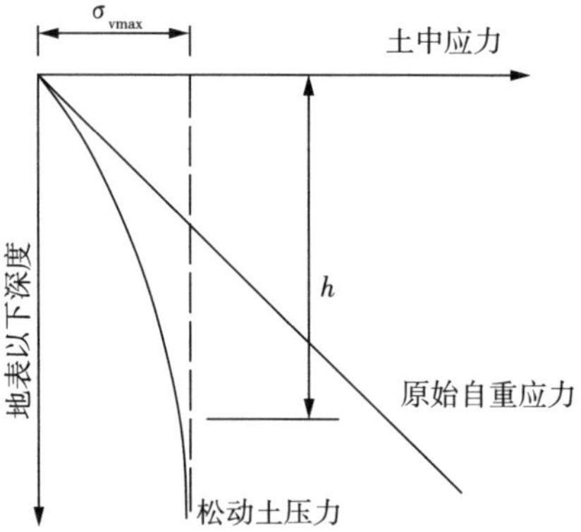

图 6－14　太沙基松动土压力随深度的变化

根据公式(6－7)可知，如果不考虑地面超载，土压力随着深度的增加最终趋近于一个极限最大值，其大小为$\dfrac{BL\gamma-2(B+L)c}{(B+L)K\tan\varphi}$。但是根据太沙基的试验成果，土压力随着深度的变化如图 6－15 所示。

太沙基活动门试验结果表明，不论是竖向还是水平向的应力，在土拱效应影响

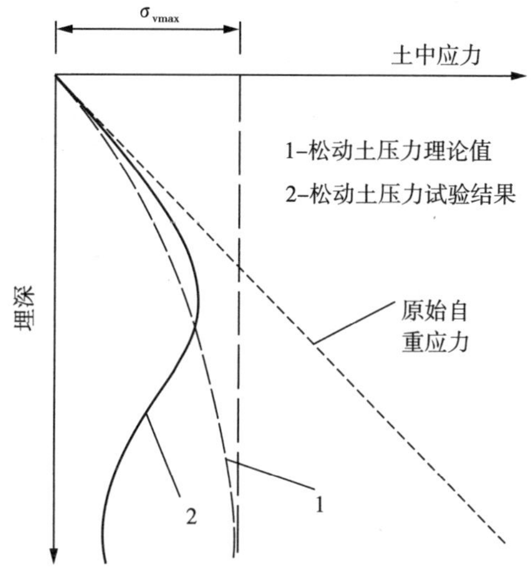

图 6-15　太沙基活动门试验结果：竖向土压力随着深度的变化

下，都是开始逐渐增大到峰值，随后又逐渐减小，和图 6-14 根据太沙基松动土压力公式绘制的土压力随深度变化曲线明显不符。

出现这一问题的主要原因是太沙基为了简化计算，作了两个假定：① 假定滑裂面为垂面；② 假定侧压力系数为 1。

第一个假定与工程实际明显不符，土体滑裂面一般是一个空间曲面，假定为垂面虽然简化了分析，但使得土压力的计算值随着深度变化与试验明显不一致。为使理论值和试验结果相符，太沙基提出了解决方案，他认为土拱效应只能传递到隧道拱顶上方一定范围(即图 6-16 中 D_1 区域)，超出这个范围的土体自重按超载($D_2\gamma$) 计算，如图 6-16(b) 所示。这样处理以后，竖向土压力随着深度变化的规律与试验结果基本相符，但是 D_1 和 D_2 区域之间并没有明显的分界，其取值范围只能凭经验进行确定，太沙基认为 D_1 约等于 $2.5B$，B 为滑动土柱宽度，见图 6-10。

太沙基第二个假定与工程实际也差别很大，土体侧压力系数与土体内摩擦角密切相关，其实因土拱效应的存在，土体侧压力系数明显大于 1，假定为 1 低估了土体调节自身强度抵抗外荷载的能力，这一假定则使得太沙基理论计算值明显偏大。

为进一步提高计算精度，本研究试图在这两方面作出改进，将滑裂面假定为更符合工程实际的倒置半圆台外侧面，并考虑主应力偏转引起的侧压力系数变化。

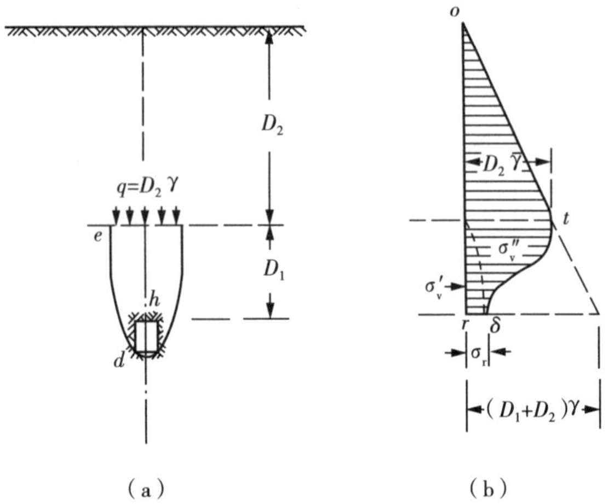

图 6－16　修正的太沙基松动土压力随深度变化

6.4.2　隧道拱顶半圆台滑动块受力分析

为进一步提高计算精度，下面对本研究建议的模型进行受力分析，如图 6－17 所示，该模型滑裂面为半圆台的外侧面。

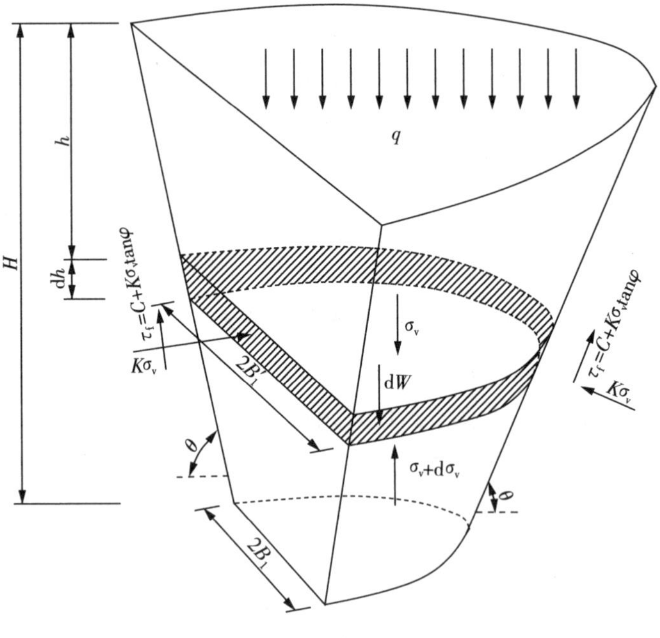

图 6－17　隧道拱顶上方半圆台受力示意图

根据微单元体竖向受力平衡：

$$\sigma_{\mathrm{v}}\frac{\pi B_1'^2}{2}+\mathrm{d}W=[(c+K\sigma_{\mathrm{v}}\sin\theta\tan\varphi)\sin\theta](\pi+2)B_1'\frac{\mathrm{d}h}{\sin\theta}+(\sigma_{\mathrm{v}}+\mathrm{d}\sigma_{\mathrm{v}})\frac{\pi B_1'^2}{2} \tag{6-34}$$

式中 θ 为土体滑裂面与水平方向夹角，$\theta=\pi/4+\varphi/2$，φ 为土体内摩擦角，即

$$\sigma_{\mathrm{v}}\frac{\pi B_1'^2}{2}+\gamma\frac{\pi B_1'^2}{2}\mathrm{d}h=[(c+K\sigma_{\mathrm{v}}\sin\theta\tan\varphi)](\pi+2)B_1'\mathrm{d}h+(\sigma_{\mathrm{v}}+\mathrm{d}\sigma_{\mathrm{v}})\frac{\pi B_1'^2}{2} \tag{6-35}$$

化简上式得：

$$\mathrm{d}\sigma_{\mathrm{v}}=\left\{\gamma-\frac{2(\pi+2)[(c+K\sigma_{\mathrm{v}}\sin\theta\tan\varphi)]}{\pi B_1'}\right\}\mathrm{d}h \tag{6-36}$$

式中：γ 为土体重度，h 为计算单元土体埋深，B_1' 为计算单元处滑动土柱宽度。

假定从地表到隧道拱顶的距离为 H，则 B_1' 可以用下式计算：$B_1'=B_1+(H-h)\cot\theta$，代入式(6－36)，有：

$$\mathrm{d}\sigma_{\mathrm{v}}=\left\{\gamma-\frac{2(\pi+2)[(c+K\sigma_{\mathrm{v}}\sin\theta\tan\varphi]}{\pi[B_1+(H-h)\cot\theta]}\right\}\mathrm{d}h \tag{6-37}$$

化简得：

$$\frac{\mathrm{d}\sigma_{\mathrm{v}}}{\mathrm{d}h}+\frac{2(\pi+2)(K\sin\theta\tan\varphi)}{\pi[B_1+(H-h)\cot\theta]}\sigma_{\mathrm{v}}=\gamma-\frac{2c(\pi+2)}{\pi[B_1+(H-h)\cot\theta]} \tag{6-38}$$

式(6－38)是非齐次微分方程，求取该微分方程的通解：

$$\sigma_v=\{\pi[B_1+(H-h)\cot\theta]\}\left[\frac{2(\pi+2)(K\sin\theta\tan\varphi)}{\pi\cot\theta}\right]\{C+\left(\int(\gamma-\frac{2c(\pi+2)}{\pi[B_1+(H-h)\cot\theta]}\right)$$

$$\{\pi[B_1+(H-h)\cot\theta]\}-\left[\frac{2(\pi+2)(K\sin\theta\tan\varphi)}{\pi\cot\theta}\right]\mathrm{d}h)\}$$

$$=\{\pi[B_1+(H-h)\cot\theta]\}\left[\frac{2(\pi+2)(K\sin\theta\tan\varphi)}{\pi\cot\theta}\right]$$

$$\{C+\int\{\gamma(\pi[B_1+(H-h)\cot\theta])^{-\left[\frac{2(\pi+2)(K\tan\varphi+K\cot\theta)}{\pi\cot\theta}\right]}$$

$$-2c(\pi+2)\cdot(\pi[B_1+(H-h)\cot\theta])^{-\left[\frac{2(\pi+2)(K\sin\theta\tan\varphi)}{\pi\cot\theta}+1\right]}\}\mathrm{d}h\} \tag{6-39}$$

式(6－39)中：

$$\int \gamma \{\pi[B_1+(H-h)\cot\theta]\}^{-\left[\frac{2(\pi+2)(K\sin\theta\tan\varphi)}{\pi\cot\theta}\right]} \mathrm{d}h$$

$$=\frac{\gamma \{\pi[B_1+(H-h)\cot\theta]\}^{\left[1-\frac{2(\pi+2)(K\sin\theta\tan\varphi)}{\pi\cot\theta}\right]}}{\left(1-\frac{2(\pi+2)(K\sin\theta\tan\varphi)}{\pi\cot\theta}\right)\cdot(-\pi\cot\theta)} \tag{6-40}$$

$$=\frac{\gamma \{\pi[B_1+(H-h)\cot\theta]\}^{\left[1-\frac{2(\pi+2)(K\sin\theta\tan\varphi)}{\pi\cot\theta}\right]}}{2(\pi+2)(K\sin\theta\tan\varphi)-\pi\cot\theta}$$

$$\int -2c(\pi+2)\cdot\{\pi[B_1+(H-h)\cot\theta]\}^{-\left[\frac{2(\pi+2)(K\sin\theta\tan\varphi)}{\pi\cot\theta}+1\right]} \mathrm{d}h$$

$$=\frac{-2c(\pi+2)}{\frac{-2(\pi+2)(K\sin\theta\tan\varphi)}{\pi\cot\theta}\cdot(-\pi\cot\theta)}\left\{\pi[B_1+(H-h)\cot\theta]\right\}^{-\left[\frac{2(\pi+2)(K\sin\theta\tan\varphi)}{\pi\cot\theta}\right]}$$

$$=\frac{-c(\pi+2)}{(\pi+2)(K\sin\theta\tan\varphi)}\{\pi[B_1+(H-h)\cot\theta]\}-\left[\frac{2(\pi+2)(K\sin\theta\tan\varphi)}{\pi\cot\theta}\right] \tag{6-41}$$

令

$$M=(\pi+2)(\sin\theta\tan\varphi) \tag{6-42}$$

则

$$\sigma_{\mathrm{v}}=\{\pi[B_1+(H-h)\cot\theta]\}^{\frac{2KM}{\pi\cot\theta}}\left\{\frac{\gamma(\pi[B_1+(H-h)\cot\theta])^{\left(1-\frac{2KM}{\pi\cot\theta}\right)}}{2KM-\pi\cot\theta}\right.$$

$$\left.-\frac{c(\pi+2)}{KM}(\pi[B_1+(H-h)\cot\theta])^{-\left(\frac{2KM}{\pi\cot\theta}\right)}+C\right\} \tag{6-43}$$

如果地表有均布荷载 q，把初始条件 $\sigma_{\mathrm{v}}|_{h=0}=q$，代入通解(6－43)，得：

$$C=q\{\pi[B_1+H\cot\theta]\}^{\frac{-2KM}{\pi\cot\theta}}-\frac{\gamma\{\pi[B_1+H\cot\theta]\}^{\left(1-\frac{2KM}{\pi\cot\theta}\right)}}{2KM-\pi\cot\theta}$$

$$+\frac{c(\pi+2)}{KM}\{\pi[B_1+H\cot\theta]\}^{-\left(\frac{2KM}{\pi\cot\theta}\right)} \tag{6-44}$$

将 C 再代入式(6－43)，可得竖向应力：

$$\sigma_{\mathrm{v}}=\{\pi[B_1+(H-h)\cot\theta]\}\ \frac{2KM}{\pi\cot\theta}$$

$$\gamma \frac{\{\pi[B_1+(H-h)\cot\theta]\}^{\left(1-\frac{2KM}{\pi\cot\theta}\right)}-[\pi(B_1+H\cot\theta)]^{\left(1-\frac{2KM}{\pi\cot\theta}\right)}}{2KM-\pi\cot\theta}$$

$$-\{\pi[B_1+(H-h)\cot\theta]\}^{\frac{2KM}{\pi\cot\theta}}\frac{c(\pi+2)}{KM}$$

$$\{(\pi[B_1+(H-h)\cot\theta])^{-\left[\frac{2KM)}{\pi\cot\theta}\right]}-(\pi[B_1+H\cot\theta])^{-\left(\frac{2KM}{\pi\cot\theta}\right)}\}$$

$$+\{\pi[B_1+(H-h)\cot\theta]\}^{\frac{2KM}{\pi\cot\theta}}q\{\pi[B_1+H\cot\theta]\}^{\frac{-2KM}{\pi\cot\theta}} \tag{6-45}$$

上式进一步展开简化为：

$$\sigma_v=\gamma\frac{\{\pi[B_1+(H-h)\cot\theta]\}-\pi(B_1+H\cot\theta)\left[\frac{B_1+(H-h)\cot\theta}{B_1+H\cot\theta}\right]^{\left(\frac{2KM}{\pi\cot\theta}\right)}}{2KM-\pi\cot\theta}$$

$$-\frac{c(\pi+2)}{KM}\left\{1-\left[\frac{B_1+(H-h)\cot\theta}{B_1+H\cot\theta}\right]^{\left(\frac{2KM}{\pi\cot\theta}\right)}\right\}$$

$$+q\left[\frac{B_1+(H-h)\cot\theta}{B_1+H\cot\theta}\right]^{\frac{2KM}{\pi\cot\theta}} \tag{6-46}$$

将 $h=H$ 代入式(6-46)，得隧道拱顶处土体的应力大小为：

$$\sigma_v=\gamma\pi\frac{B_1-(B_1+H\cot\theta)\left(\frac{B_1}{B_1+H\cot\theta}\right)^{\frac{2KM}{\pi\cot\theta}}}{2KM-\pi\cot\theta}$$

$$-\frac{c(\pi+2)}{KM}\left[1-\left(\frac{B_1}{B_1+H\cot\theta}\right)^{\frac{2KM}{\pi\cot\theta}}\right]$$

$$+q\left(\frac{B_1}{B_1+H\cot\theta}\right)^{\frac{2KM}{\pi\cot\theta}} \tag{6-47}$$

为进一步简化分析，令 $N=\frac{B_1}{B_1+H\cot\theta}$，则式(6-47)变为：

$$\sigma_v=\gamma\pi\frac{B_1-(B_1+H\cot\theta)N^{\frac{2KM}{\pi\cot\theta}}}{2KM-\pi\cot\theta}$$

$$-\frac{c(\pi+2)}{KM}\left[1-N^{\frac{2KM}{\pi\cot\theta}}\right]$$

$$+qN^{\frac{2KM}{\pi\cot\theta}} \tag{6-48}$$

6.4.3 讨论与分析

式(6-48)包括3项，分别代表土体重力、黏聚力和路面超载对隧道拱顶竖向应力的影响。

式中各参数含义解释如下：

(1)$M=(\pi+2)(\sin\theta\tan\varphi)$，与土质条件相关，在这里作者将其称为隧道土质参数。式中 θ 为滑裂面与水平方向的夹角，因工程中最需要关注的是土体处于松弛破坏极限下的开挖面所需的最小支护力，所以取 $\theta=\pi/4+\varphi/2$。

(2)$N=\dfrac{B_1}{B_1+H\cot\theta}$，与隧道的埋深与隧道直径相关，实际上取决于隧道埋深与隧道直径的比例，即埋深越大，隧道直径越小，其值越小，在这里将其称为隧道埋深参数。

(3)K 为土体侧压力系数，是影响松动土压力计算精确性非常重要的一个指标。当土拱效应充分发挥，主应力旋转，水平力会大于垂直力，如图 6-18 所示。

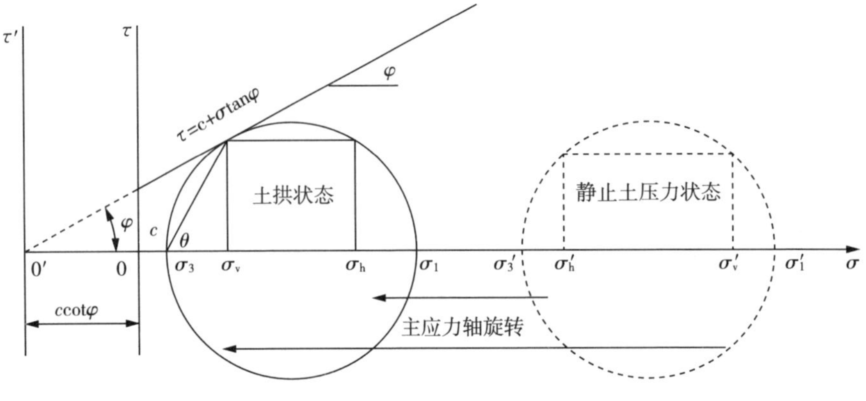

图 6-18 土拱效应单元体的应力状态变化

$$\sigma_v=\sigma_3+(\sigma_1-\sigma_3)\cos^2\theta$$
$$=\sigma_1\cos^2\theta+\sigma_3\sin^2\theta \tag{6-49}$$

$$\sigma_h=\sigma_1-(\sigma_1-\sigma_3)\cos^2\theta$$
$$=\sigma_1\sin^2\theta+\sigma_3\cos^2\theta \tag{6-50}$$

对于无黏性土，有 $\sigma_3/\sigma_1=K_a$，K_a 为土体主动土压力系数，$K_a=\tan^2(45°-\varphi/2)$，则

$$K=\frac{\sigma_h}{\sigma_v}=\frac{\sin^2\theta+K_a\cos^2\theta}{\cos^2\theta+K_a\sin^2\theta}=\frac{K_a+\tan^2\theta}{1+K_a\tan^2\theta} \tag{6-51}$$

对于黏性土，有 $\sigma_3/\sigma_1=K_a-\dfrac{2\cdot c}{\sigma_1}\sqrt{K_a}$，则

$$K=\frac{\sigma_h}{\sigma_v}=\frac{\sin^2\theta+\dfrac{\sigma_3}{\sigma_1}\cos^2\theta}{\cos^2\theta+\dfrac{\sigma_3}{\sigma_1}\sin^2\theta}=\frac{(K_a-2c\sqrt{K_a}/\sigma_1)+\tan^2\theta}{1+(K_a-2c\sqrt{K_a}/\sigma_1)\tan^2\theta} \tag{6-52}$$

式(6－52)无显性解，为简化分析，本研究在计算时对式(6－52)中的最大主应力值 σ_1 近似取 γh，γ 和 h 分别为土体重度和土体距地表深度。需要说明的是，式(6－52)是土拱效应充分发挥时的侧压力系数，土体处于极限平衡状态。

下面对本研究推导的隧道拱顶以上土体竖向土压力计算公式(6－46)举一算例进行分析。分别取隧道直径 $D=5\text{m}$ 和 10m 进行讨论，$\gamma=19\text{kN/m}^3$，$c=15\text{kPa}$，隧道拱顶埋深 $H=20\text{m}$，地面超载 $q=0$，土体内摩擦角分别取 $\varphi=10°$，$\varphi=20°$ 和 $\varphi=30°$ 计算得到土中竖向土压力 σ_v 随地层深度的分布曲线，如图6－19所示。

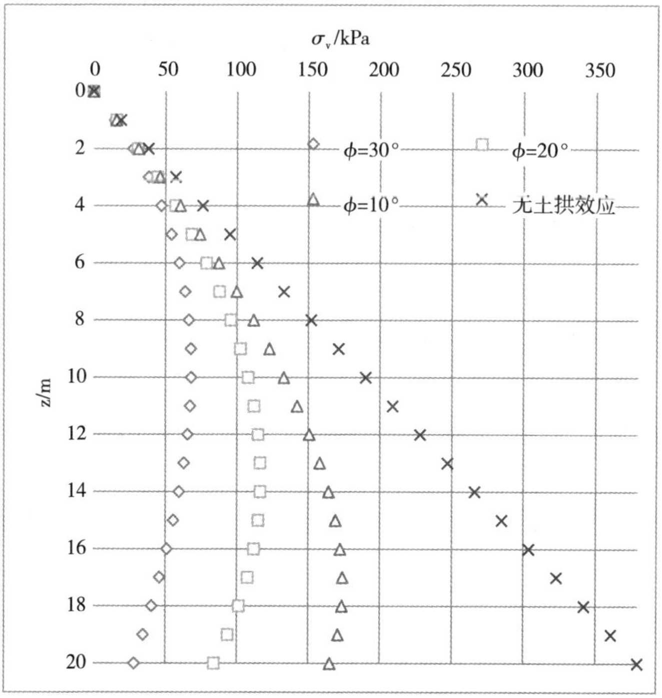

(a) D=5m (H/D=4)

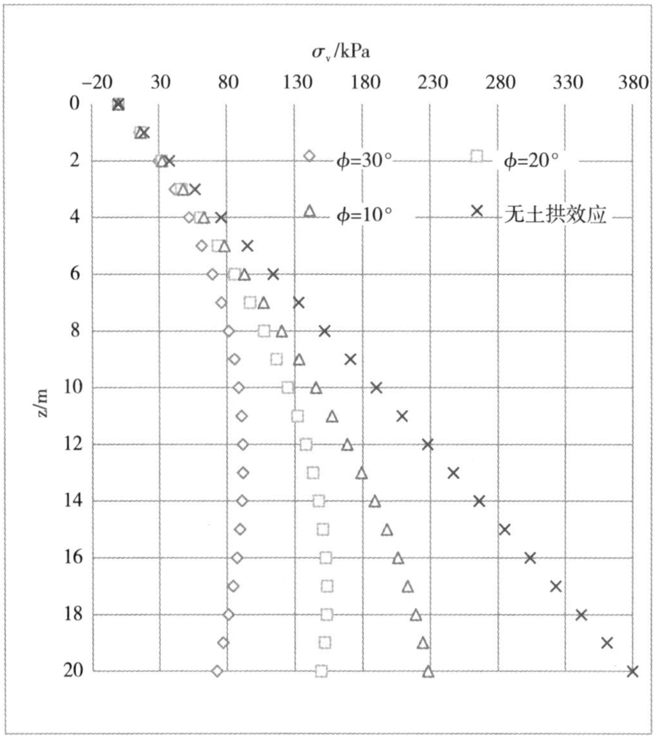

（b）D=10m（H/D=2）

图 6－19　隧道拱顶以上滑移区土体竖向应力随深度变化

比较图 6－19(a)(b)，我们还可以看到竖向应力分布曲线近似呈抛物线，具体形状不仅与 φ 关系密切，也与 H/D 的大小相关，当 $H/D=2$ 且 $\varphi=10°$ 时，抛物线没有出现峰值，表明当隧道埋深较浅或隧道直径较大时，土拱没有完全形成，但是这时土拱也承担了部分荷载，松动土压力相比于土体自重应力还是有部分减小，对于浅埋隧道采用自重应力计算偏于保守。

与太沙基理论相比，式(6－46) 相比于式(6－7) 深埋隧道时不需要假定土拱高度。如图 6－19 所示，土体竖向应力在峰值后迅速减小，表明在该位置已形成稳定土拱，如果我们以竖向应力峰值来判定土拱高度的话，可知土拱高度不仅受隧道直径影响，而且与土体的内摩擦角密切相关，内摩擦角越大，土拱高度越高，土拱发挥越充分，隧道拱顶的松动土压力越小。

6.5　开挖面支护力计算

根据前文分析，由式(6－48)求得隧道拱顶处竖向应力 σ_v，再由式(6－53)进一步求取隧道拱顶处的垂直荷载 P_v：

$$P_v = \sigma_v \cdot (\pi B_1^2/2)$$

$$= \sigma_v \frac{\pi R^2}{2} \cdot \cot^2\left(\frac{\pi/4+\varphi/2}{2}\right) \quad (6-53)$$

将 P_v 代入式(6－33)，就可以求得盾构隧道开挖面最小支护力 P，则掌子面上的平均支护应力 σ_T 为：

$$\sigma_T = \frac{P}{A_1 + A_2}(\text{kPa}) \quad (6-54)$$

式中：A_1—— 半圆台在开挖面的投影面积，如图 6－20 所示，计算公式如下：

$$A_1 = R(B_1 + B_2)[1+\cos(\pi/4+\varphi/2)]$$

$$= R^2\left[\cot\left(\frac{\pi/4+\varphi/2}{2}\right) + \sin(\pi/4+\varphi/2)\right][1+\cos(\pi/4+\varphi/2)] \quad (6-55)$$

A_2—— 局部球体在开挖面的投影面积，计算公式为：

$$A_2 = \frac{90° + \varphi}{360°}\pi R^2 - \frac{1}{2}R^2\sin(90° + \varphi) \quad (6-56)$$

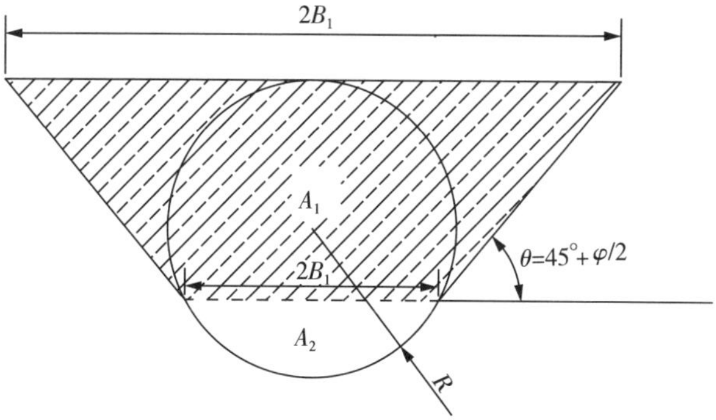

图 6－20　滑裂面投影区域示意图

6.6 模型验证及参数敏感性分析

6.6.1 模型验证

为验证本研究模型的合理性，下面对其计算结果与试验结果，以及其他已有理论的计算结果进行对比分析。为获得不同土体重度和隧道直径下的普遍规律，对参数进行无量纲化处理，纵坐标采用 $\sigma_T/\gamma D$，横坐标采用隧道深径比(H/D)。为具有可比性，本研究相关计算参数和 Chen(2015)中试验条件一致，土体采用干砂，隧道直径 $D=1$m；$\gamma=16.5$kN/m^3，土体内摩擦角 $\varphi=37°$。

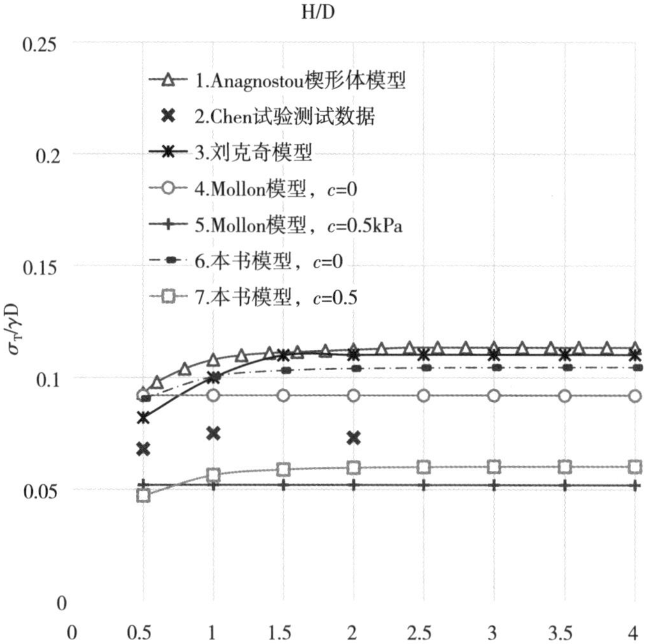

图 6-21　隧道开挖面最小支护力计算结果比较

如图 6-21 所示，本研究模型计算结果与试验以及其他理论得出的规律是一致的，表明本研究模型计算结果是可靠的。本研究模型计算的支护压力相比于 Anaunostou(2012)筒仓模型更接近试验数据，与 Chen 等(2012)的试验测试数据相比数据偏大，原因是试验虽然采用的是干砂，但因大气中含有水分，即使是经烘干处理绝对干燥的砂子在空气中也会吸收水分，因此试验的砂中一般含有少量的水分，故此存在微弱的黏聚力(0～0.5kPa)，使得试验数据比理论值偏小。试验测试数据和本研究模型黏聚力分别取0和0.5kPa计算的结果比较，正处于两者之间，表明本研究模型是合理的。Mollon等(2010)应用极限分析上限定理计算的掌子面极限支护力偏小，安全系数有待提高，本研究计算结果相对更加安全。

6.6.2　参数敏感性分析

6.6.2.1　土的内摩擦角影响

取隧道直径 $D=5\text{m}$，$\gamma=19\text{kN/m}^3$，$c=5\text{kPa}$，地面超载 $q=0$，土体内摩擦角分别取 $\varphi=15°$，$\varphi=20°$和 $\varphi=30°$计算，不同的内摩擦角下开挖面最小支护力随隧道拱顶埋深增加的变化曲线如图6-22所示。

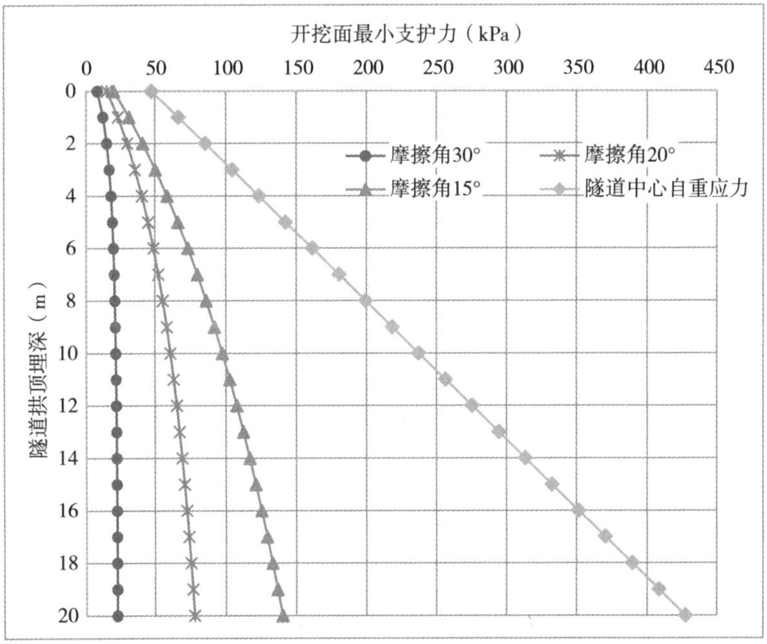

图6-22　不同的内摩擦角下开挖面最小支护力随拱顶埋深增加的变化曲线

从图6-22中可以看到摩擦角越大，开挖面支护力越小，其随着埋深增加的速度也越缓。当摩擦角 $\varphi=30°$时，隧道拱顶埋深超过10m后开挖面支护力基本不再变化，表明土拱已完全发挥作用，埋深增加的土体自重完全由土自动形成的土拱承担。

6.6.2.2 黏聚力影响

取隧道直径 $D=5\text{m}$，$\gamma=19\text{kN/m}^3$，$\varphi=15°$，地面超载 $q=0$，土体内摩擦角分别取 $c=5\text{kPa}$，$c=10\text{kPa}$ 和 $c=15\text{kPa}$ 计算，不同的黏聚力下开挖面最小支护力随隧道拱顶埋深增加的变化曲线如图 6－23 所示。

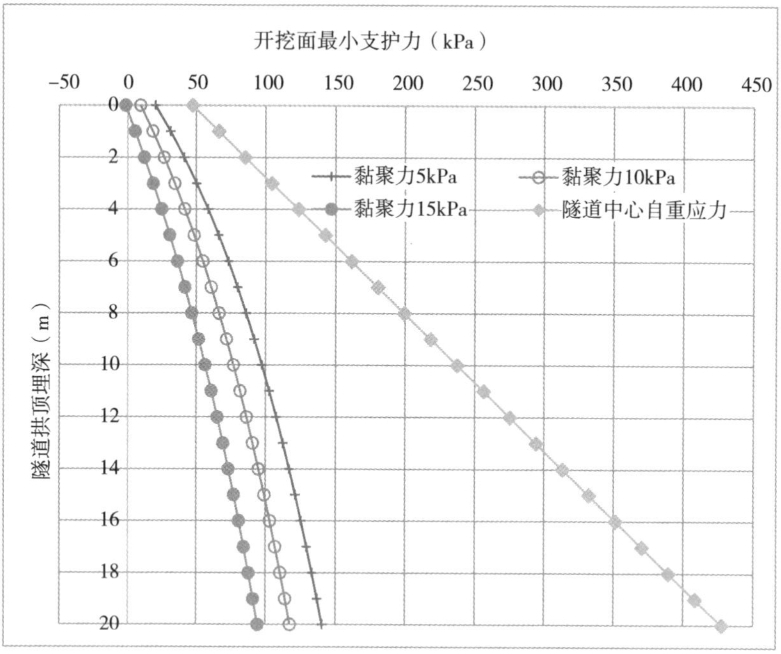

图 6－23 不同的黏聚力下开挖面最小支护力随拱顶埋深增加的变化曲线

从图 6－23 中可知不同的黏聚力下开挖面支护力随隧道拱顶埋深的变化曲线形态基本一致，但是黏聚力对开挖面还是有着非常明显的影响，其值越大，开挖面支护力越小。

6.6.2.3 隧道埋深影响

隧道埋深也是影响开挖面支护力非常重要的一个因素，隧道埋深不仅影响到土体自重，并且影响到土拱的形成，隧道埋深越大，土拱作用发挥越充分，隧道拱顶承受的竖向应力与自重相比其比例越小，则支护力与自重的比例也越小。为得出不同土体重度下开挖面支护力随埋深变化的普遍性规律，特采用支护压力比（$\sigma_T/\gamma H$）进行标准化处理。土体重度 $\gamma=19\text{kN/m}^3$，地面超载 $q=0$，土体黏聚力 $c=5\text{kPa}$，不同内摩擦角下隧道开挖面支护压力比（$\sigma_T/\gamma H$）与隧道深径比（H/D）之间的关系如图 6-24 所示(H 为隧道拱顶埋深)。

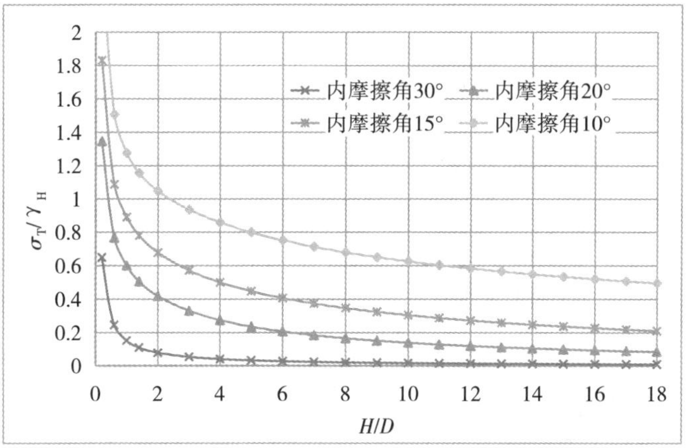

图 6-24 不同内摩擦角下开挖面支护压力比随隧道深径比的变化曲线

图 6-24 显示,开挖面支护压力比随隧道深径比变化曲线的曲率不断发生变化,开始曲率逐渐增大到一峰值,随后又逐渐变小并趋于 0。变化曲线上有两个特殊点需要我们关注:①曲率峰值处。该点表示在该地层深度稳定土拱已经形成。②曲率趋于 0 处。该点代表在该地层深度土拱完全发挥作用。

计算结果显示,不同内摩擦角下的各变化曲线虽有区别,但存在普遍规律。当深径比达到 1 附近时,变化曲线曲率达到峰值,随后曲线逐渐平缓,达到 2～4 之间时斜率趋于 0(转折点)。当然曲率峰值点和转折点位置并不是一个定值,其与摩擦角的大小密切相关,摩擦角越大,曲率峰值点和转折点位置处的深径比越小。如果以土拱效应是否充分发挥作为深埋隧道的依据,参考转折点位置,一般情况下可以将覆土厚度达到 2～4 倍隧道直径作为深埋隧道,摩擦角越大,界定为深埋隧道所需的覆土厚度越小。

进一步观察图 6-24 可以看到,内摩擦角越大,曲线曲率越大,曲线位置越往下,这代表随着摩擦角越大,土拱发挥越充分,完全发挥所需的隧道覆土厚度越小,支护压力比也越小。计算结果也表明,深埋隧道土拱减载作用不可忽视,如 $\varphi=30°$ 时,当覆土厚度大于 2 倍隧道直径后,维持开挖面稳定的支护压力逐渐降低到隧道覆土自重应力的 10%以下。

6.6.2.4 地表附加荷载影响

取 $\gamma=19\text{kN/m}^3$,土体黏聚力 $c=5\text{kPa}$,地面超载 q 分别取 0、20、50、100、150、

200kPa，不同内摩擦角、不同地面超载下隧道开挖面支护压力比（$\sigma_T/\gamma H$）与隧道深径比（H/D）之间的关系，如图 6－25 所示。

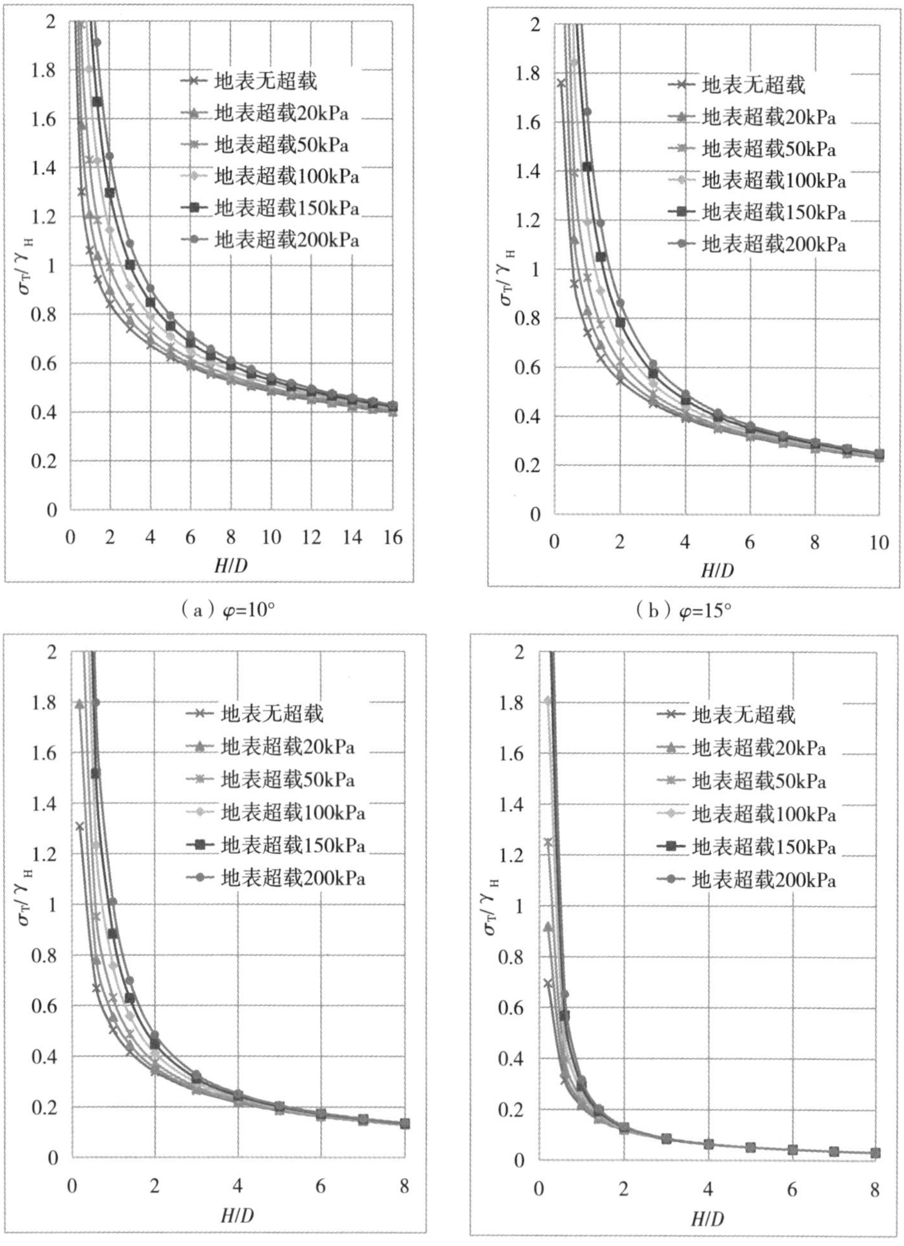

（a）φ=10°　（b）φ=15°

（c）φ=20°　（d）φ=30°

图 6－25　不同地面超载下开挖面支护压力比随隧道深径比变化的曲线

图 6-25 显示，地表超载对浅埋隧道开挖面支护力影响很大，随着埋深逐渐增加，影响逐渐变弱，超载影响随埋深减弱的速率受摩擦角影响很大，当 $\varphi=30°$ 时，隧道拱顶埋深达到 2 倍直径时，地表超载的影响就已经很小，可以忽略地表超载的影响；而当 $\varphi=15°$ 时，隧道拱顶埋深达到 10 倍直径以上时，地表超载的影响才可以基本忽略。

6.7　本章小结

土拱对开挖面支护力有很大影响。楔形体极限平衡方法普遍采用估算滑裂面侧面摩擦力作为已知量来列平衡方程，求取开挖面支护力，但因滑裂面侧面摩擦力影响因素很多，很难估算准确。为此，在本章中，本书作者针对盾构隧道施工开挖面极限支护力这一重要课题，提出一种新的半圆台和局部球体的组合曲面体滑动块模型，利用曲面体模型的对称性，在求解开挖面支护力时，避开滑裂面摩擦力的估算，提高了计算精度。并进一步对隧道拱顶以上的半圆台曲面模型进行了受力分析，考虑了土拱效应和主应力偏转引起的侧压力系数变化，推导了滑裂面为空间曲面时的土拱效应下土中竖向应力的解析解，并通过算例分析验证了推荐方法的合理性。本章具体工作和结论包括：

(1)针对开挖面极限支护力提出一种曲面体模型，推导了曲面体模型下开挖面支护力计算公式，该公式相比于楔形体模型公式参数少，不用进行滑裂面侧面摩擦力的计算，也不需要估算土的侧压力系数，提高了计算精度，推荐方法简单有效，可广泛应用于隧道施工开挖面前方土体的稳定性分析。

(2)对隧道拱顶以上的曲面体半圆台模型微单元进行受力分析，求解力平衡微分方程，考虑了主应力偏转引起的侧压力系数变化，推导了滑裂面为空间曲面时在土拱效应影响下的土中竖向应力的解析解。与太沙基松动土压力公式相比，本公式适用于任意埋深隧道的拱顶松动土压力计算，因此不需要进行深埋隧道和浅埋隧道的区分，也不需要人为假定等沉面高度，应用更加方便。

(3)研究结果表明，当隧道覆土较厚时掌子面前方隧道拱顶以上土体松动土压力随埋深变化近似呈抛物线分布，曲线形状主要取决于内摩擦角 φ 和深径 H/D 的比值，土体内摩擦角和隧道深径比越大，土拱效应发挥越充分，传到隧道拱顶滑移区的土压力越小。

(4)研究了内摩擦角、黏聚力、隧道埋深、地表附加荷载等参数对开挖面支护力的影响,内摩擦角和黏聚力越大开挖面支护力越小;且内摩擦角影响支护力随拱顶埋深变化曲线的形状,其值越大,开挖面支护力趋于稳定所需的覆土厚度越小;地表附加荷载对开挖面支护力的影响只需考虑埋深较浅的隧道,随着埋深的增加,影响逐渐减弱,土体内摩擦角越大,地表荷载影响深度越小。当 $\varphi=30^\circ$时,若隧道覆土厚度达到 2 倍直径时,就可以忽略地表附加荷载对开挖面支护力的影响。当$\varphi=15^\circ$时,地表附加荷载的影响会传递到 10 倍隧道直径埋深处。

第 7 章　考虑土拱效应的盾构隧道施工地表沉降规律研究

隧道施工时，因地层损失引起隧道拱顶沉降，并由拱顶逐渐向地表进行传递。在 Peck 公式(1969)中，假定地表沉降符合正态分布规律，并认为地表沉降槽面积等于地层损失，这样处理虽然简化了分析，但忽略了土体在开挖前后应力状态的变化而产生的变形，必然会带来一些误差。

实际上，在土体变形由拱顶向上传递的过程中，由于土拱效应，部分土体自重应力被转移到邻近的土体，引起隧道拱顶土体的回弹变形，因此土体沉降槽面积是小于地层损失的，这部分变形不可忽视，这也使得在实际工程中 Peck 公式计算的沉降值偏大。

Costa(2009)等通过研究发现，位于活动门上方的土体会发生显著的膨胀，土体膨胀使得拱顶沉降向地表传递受阻，Costa 仅描述了这一现象，但并未给出具体的计算方法。

本书作者在 Peck 公式基础上进一步研究了考虑土拱的卸载效应后隧道上覆土层竖向位移的计算方法。

7.1　隧道拱顶沉降计算理论

7.1.1　地表沉降

Lo 和 Rowe(1982)、Rowe 和 Kack(1983)提出等效地层损失概念，认为拱顶最大沉降量为：

$$S_{\max} = g_{a} \tag{7-1}$$

式中：g_a 表示地层损失参数，采用公式(7－2)计算：

$$g_a = (1-m)(G_p + U_{3D} + \omega) \tag{7-2}$$

式中：m—— 注浆充填率；

G_p—— 地层损失，也即盾尾空隙；

U_{3D}—— 因施工扰动引起土体变形而挤入隧道净空而被开挖引起的地层损失；

ω—— 施工因素引起的地层损失，Lee 等(1992)给出了以上各参数的计算方法，这里不再赘述。

Peck 公式假定地表沉降曲线符合正态分布，则

$$S_{(x)} = S_{\max}(0) \cdot \exp\left[-\frac{x^2}{2 \cdot i(0)^2}\right] \tag{7-3}$$

式中：$S_{\max}(0)$—— 隧道轴线处地表最大沉降；

$S_{(x)}$—— 距离隧道轴线水平距离为 x 的地表沉降；

$i(0)$—— 地表沉降槽宽度系数，也即图 7－1 中反弯点到隧道轴线的水平距离。

$$i(0) = \frac{Z_0}{\sqrt{2\pi} \cdot \tan(45^\circ - \varphi/2)} \tag{7-4}$$

式中：φ—— 土体内摩擦角；

Z_0—— 隧道中心深度。

由式(7－3)绘制的地面沉降分布曲线如图 7－1 所示。

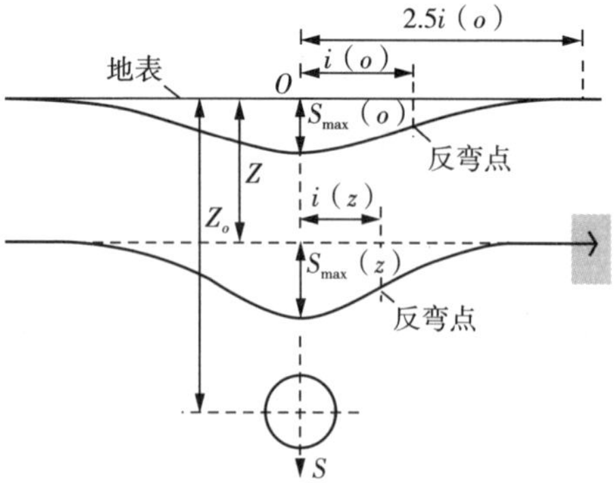

图 7－1　地表沉降计算示意图

如果假定沉降槽面积等于地层损失，则

$$
\begin{aligned}
V_{S(0)} &= \int_{-\infty}^{\infty} S(x)\mathrm{d}x \\
&= \int_{-\infty}^{\infty} S_{\max} \cdot \exp\left[-\frac{x^2}{2 \cdot i\,(0)^2}\right]\mathrm{d}x \\
&= \sqrt{2\pi} \cdot i(0) \cdot S_{\max} \\
&\approx 2.5i(0) \cdot S_{\max}
\end{aligned} \tag{7-5}
$$

也即

$$
S_{\max} \approx \frac{V_{S(0)}}{2.5i} \tag{7-6}
$$

7.1.2　任意深度土体沉降

Peck公式假定地表沉降槽面积与地层损失相等，为简化分析，许多学者沿用这一假定，认为在地面以下隧道拱顶土层任意深度处沉降槽面积依然等于地层损失，由此可进一步建立任意深度 z 处隧道施工引起的地层损失量 $V_{S(z)}$ 与埋深为 z 处的地层最大位移 $S_{\max}(z)$ 之间的关系为：

$$
\begin{aligned}
V_{S(z)} &= \int_{-\infty}^{\infty} S_z(x)\mathrm{d}x \\
&= \int_{-\infty}^{\infty} S_{\max}(z) \cdot \exp\left[-\frac{x^2}{2 \cdot i\,(z)^2}\right]\mathrm{d}x \\
&= \sqrt{2\pi} \cdot i(z) \cdot S_{\max}(z) \\
&= 2.5i(z) \cdot S_{\max}(z)
\end{aligned} \tag{7-7}
$$

也即

$$
S_{\max}(z) = \frac{V_{S(z)}}{2.5i(z)} \tag{7-8}
$$

式中：z 为土层埋深，$S_{\max}(z)$ 为埋深 z 处的隧道中心拱顶最大位移，$i(z)$ 为埋深 z 处的沉降槽宽度系数，$i(z)=K_z(Z_0-Z)$，式中 K_z 为深度为 Z 处的系数，其计算方法很多，详见夏元友等(2015) 关于该参数的讨论。

实际上，式(7-5) 和式(7-7) 假定沉降槽面积与地层损失相等同工程实际是不相符的,因为施工扰动,隧道上方土层应力重分布,部分竖向应力会通过剪应力向邻近的土体进行转移,也即存在土拱效应。对于浅埋隧道的土拱发展对拱顶松动土压力的影响,汪大海等(2019)中有详细讨论。

土拱的发展使得隧道上方土体中一部分应力释放,因此土体会出现回弹,故地层中沉降槽的面积应该是小于地层损失的,而且越靠近地表,沉降槽的面积与地层损失的差值越大。

Peck公式假定沉降槽的面积与地层损失相等,会使得预测的沉降结果偏大,这也在工程实际中得到了大量的验证。闫海生(2011)通过对广州地铁施工现场的实测数据进行了大量的统计分析,认为需要对Peck公式计算的沉降值进行修正,在对比分析的基础上,他认为Peck公式计算的最大沉降值需乘以一个折减系数α,α的大小在0.5～1.0之间;谭文辉等(2015)通过对北京地铁7号线现场施工引起的地表沉降的现场测量,并将实测数据和Peck公式进行了对比分析,也认为应该对地表最大沉降量进行修正,并认为修正系数α介于0.613～0.620之间。孙延盼等(2015)根据苏州地铁盾构施工现场地表沉降实测数据,发现现场沉降实测值小于Peck公式理论值,论文通过调整沉降槽宽度系数与地层损失率,对Peck公式进行修正。张治国等(2016)根据与地表沉降实测数据的比较,也发现现场沉降实测值小于Peck公式理论值。以上这些文献没有从理论上分析原因,对Peck公式所做的修正都只适用于特定的土质条件和施工条件、特定的隧道直径及隧道埋深,没有普适性。

基于此,本研究从土拱效应引起拱顶土体卸荷、土体回弹变形的角度来具体分析Peck公式理论计算值偏大的原因。

7.2 考虑土体回弹变形的沉降计算方法

考虑土体回弹后,在隧道上方任意深度z处的沉降槽面积$V_{S(z)}$修正为:

$$
\begin{aligned}
V_{S(z)} &= V_S - \frac{2\int_z^H \tau \mathrm{d}z}{E \cdot 2B_1} \cdot (H - z) \cdot 2B_1 \\
&= V_S - \frac{2(H-z)}{E}\int_z^H \tau \mathrm{d}z
\end{aligned}
\tag{7-9}
$$

式中：$V_{S(z)}$—— 埋深 z 处地层损失（m^3/m）；

τ—— 深度 z 处的剪应力；

H—— 隧道拱顶覆土层厚度（m）；

$2B_1$—— 假想滑动土柱宽度，$B_1 = R\cot\left(\frac{\pi/4+\varphi/2}{2}\right)$；

E—— 拱顶土层回弹模量（kPa）。

图 7-2 中，土体实际滑动面为 aa，为简化分析，假定滑动面为 ab，滑动土柱宽度为 $2B_1$。

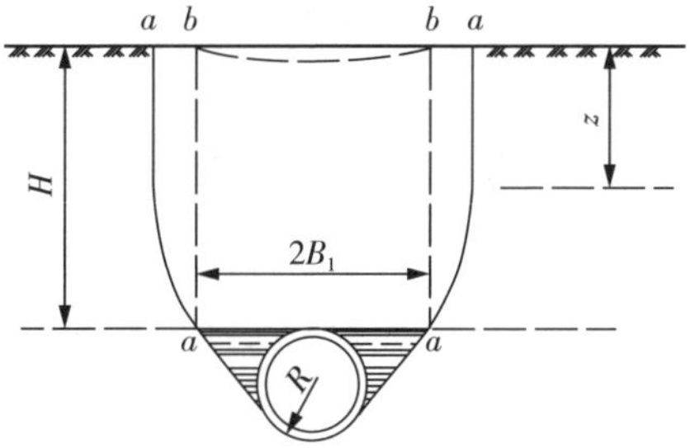

图 7-2　隧道拱顶滑动柱示意图

特别地，对于地表（$z=0$）的沉降槽面积为：

$$V_{S(0)} = V_S - \frac{\int_0^H \tau \mathrm{d}z}{E \cdot 2B_1} \cdot H \cdot 2B_1 = V_S - \frac{2H}{E}\int_0^H \tau \mathrm{d}z \tag{7-10}$$

将式（7-10）代入式（7-6）中，可求得地表最大沉降 S_{max}：

$$S_{max} = \frac{V_{S(0)}}{\sqrt{2\pi}\cdot i} = \frac{V_S - \frac{2H}{E}\int_0^H \tau \mathrm{d}z}{\sqrt{2\pi}\cdot i} \tag{7-11}$$

将式（7-4）代入式（7-11）中，可进一步求得：

$$S_{max} = \left(V_S - \frac{2H}{E}\int_0^H \tau \mathrm{d}z\right)\cdot \frac{\tan(45^\circ - \varphi/2)}{Z_0} \tag{7-12}$$

求解式（7-10）和式（7-12）的关键是求解土体滑裂面处剪应力 τ 的合力 $\int_0^H \tau \mathrm{d}z$，下面具体讨论 $\int_0^H \tau \mathrm{d}z$ 的计算方法。

7.3 土拱效应下土中地层损失简化分析

土体实际滑动面为图 7-2 中 aa，为简化分析，假定滑动面为图 7-2 中 ab，据此建立下面的简化计算模型，如图 7-3 所示。

如图 7-3 所示，当土拱效应充分发挥、土体濒临破坏时，滑动面上的剪应力等于抗剪强度，即土中剪应力 $\tau_{\max}=\tau_f=c+\sigma_h\tan\varphi$。

在土中取一微单元，作用在微单元上的剪应力合力 dq 为：

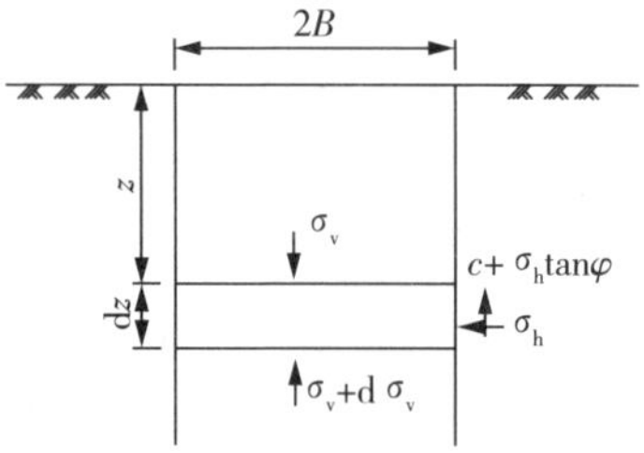

图 7-3　剪应力简化计算模型

$$
\begin{aligned}
\mathrm{d}q &= 2c\mathrm{d}z + 2\sigma_h \mathrm{d}z\tan\varphi \\
&= 2c\mathrm{d}z + 2K\sigma_v \mathrm{d}z\tan\varphi \\
&= 2c\mathrm{d}z + 2K\gamma z\mathrm{d}z\tan\varphi
\end{aligned}
\tag{7-13}
$$

式中：K 为侧压力系数，这里取主动土压力系数，即 $K=\tan^2(45°-\varphi/2)$。

由公式(7-13)可以计算出当土拱效应充分发挥时，作用在每一个土体微单元上的剪应力合力 dq，该剪应力合力和土体重力的作用力方向相反，使得隧道拱顶土体出现卸荷回弹。

假定隧道拱顶土层厚度为 H，则因土拱效应引起的隧道拱顶覆土厚度 H 内所有土体总的卸荷 q 为：

$$
\begin{aligned}
q &= \int_0^H \mathrm{d}q = 2\int_0^H \tau \mathrm{d}z \\
&= \int_0^H 2c\mathrm{d}z + 2\sigma_h\tan\varphi \mathrm{d}z \\
&= \int_0^H (2c + 2K\gamma z\tan\varphi)\mathrm{d}z \\
&= 2cH + K\gamma\tan\varphi H^2
\end{aligned}
\tag{7-14}
$$

考虑土体卸荷回弹后地层损失会减少，沉降也会相应减少，朱正国等(2011)利用1stOpt软件对ANSYS有限元计算结果使用Peck公式进行回归分析，得出地表最大沉降量与弹性模量 E 约为对数关系，但仅仅是通过数理统计得出的结论，没有揭示两者的内在关联。

本研究将根据土体的回弹变形建立两者的解析关系如下。

考虑土体卸荷回弹后的地层损失为：

$$V_{S(0)} = V_S - \frac{2cH + K\gamma\tan\varphi H^2}{E \cdot 2B_1} \cdot H \cdot 2B_1$$

$$= V_S - \frac{2cH + K\gamma\tan\varphi H^2}{E} \cdot H$$

$$= V_S - \frac{2cH^2 + K\gamma\tan\varphi H^3}{E} \tag{7-15}$$

假定地表沉降横向分布曲线为正态分布曲线，则地面沉降横向分布曲线为：

$$S_{(x)} = S_{\max} \cdot \exp\left(-\frac{x^2}{2 \cdot i^2}\right)$$

$$= V_{S(0)} \cdot \frac{\tan(45^\circ - \varphi/2)}{Z_0} \cdot \exp\left(-\frac{x^2}{2 \cdot i^2}\right)$$

$$= \left(V_S - \frac{2cH^2 + K\gamma\tan\varphi H^3}{E}\right) \cdot \frac{\tan(45 - \varphi/2)}{Z_0} \cdot \exp\left(-\frac{x^2}{2 \cdot i^2}\right) \tag{7-16}$$

式(7-16)与Peck公式相比，考虑了因土拱效应拱顶土体应力转移引起的土体卸载回弹。

7.4　本研究推荐方法工程应用分析

为了进一步验证公式(7-16)的有效性，下面对本研究提出的方法、Peck方法和现场实测数据作比较分析。

试验地段在无锡地铁1号线南禅寺—永丰路盾构区间，隧道直径3.1m，地表覆土厚度9.2m，隧道轴线埋深12.3m。隧道拱顶土层的工程地质特征及分布见表7-1所列。

表 7-1 隧道拱顶土层的工程地质特征及分布

层号	厚度/m	埋深/m	土层描述
(1)1 层杂填土	1.6	0.00	灰色，上部 0.50m 为常年耕土，土层结构松散，含植物根茎及虫孔，其下为黏性土
(3)1 层黏土	4.9	1.6	灰黄色～黄灰色，可塑，局部软塑，含氧化铁斑点，夹青灰色条纹，稍有光泽，干强度中等，韧性中等，下部以粉质黏土为主，夹少量粉土
(3)2 层粉质黏土夹粉土	1	6.5	黄灰色～灰色，软塑，夹薄层粉土，含云母碎屑，切面稍有光泽，韧性中等，干强度中等
(3)3—2 淤泥质粉质黏土	2	7.5	灰色，很湿，中密，夹薄层粉质黏土，含云母碎屑，切面粗糙无光泽，韧性低，干强度低，摇振反应
(3)3 粉土夹粉质黏土	2	9.5	灰色，饱和，稍密-中密，矿物成分石英，含云母碎片，颗粒级配中等

实验区间工程地质纵剖面图如图 7-4 所示。

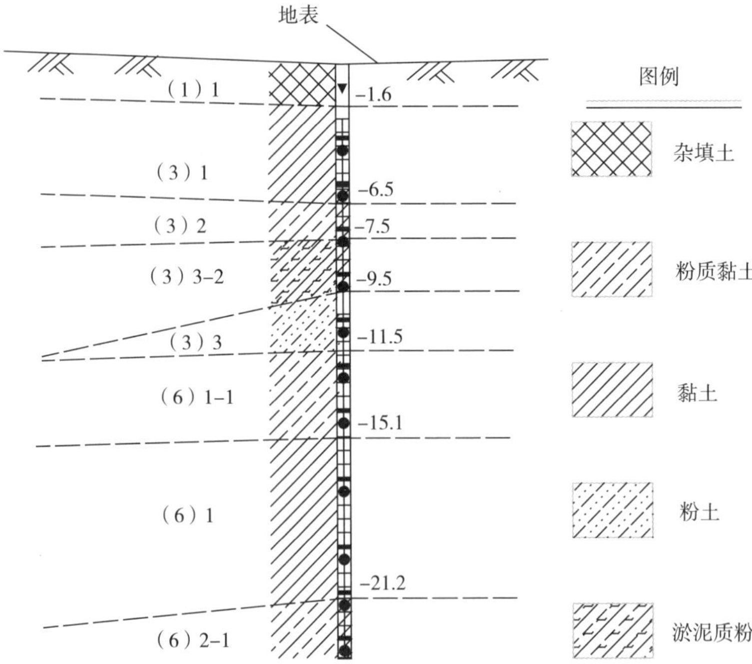

图 7-4 实验区间工程地质纵剖面图

根据现场钻孔取样原状土室内实验，并对该盾构拱顶土体的物理力学参数根据上覆土层各土层厚度取加权平均，得土的容重为 18.9kN/m³，土的黏聚力 $c=9.5\text{kPa}$，土地内摩擦角 $\varphi=22°$，土的回弹模量 42.5MPa。

根据现场施工资料，盾构施工控制的地层损失率为 1.2%，对应的地层损失为：

$$V_S=\frac{\pi D^2}{4}\times 1.2\%=0.362\text{m}^3/\text{m}$$

则由式(1-15) 得地表地层损失为：

$$\begin{aligned}V_{S(0)}&=V_S-\frac{2cH^2+K\gamma\tan\varphi H^3}{E}\\&=0.362-\frac{2\times 9.5\times 9.2^2+\tan^2(45°-22/2)\times 18.9\times\tan 22°\times 9.2^3}{42500}\\&=0.261(\text{m}^3/\text{m})\end{aligned}$$

则由式(12) 得地表最大沉降为：

$$S_{\max}=V_{S(0)}\cdot\frac{\tan(45°-\varphi/2)}{Z_0}=0.261\cdot\frac{\tan 34°}{12.3}=0.0143(\text{m})=1.43\text{cm}$$

则由公式(1-16)即可绘出地面横向沉降分布曲线，并和 Peck 方法计算地表沉降值及实测值比较，如图 7-5 所示。

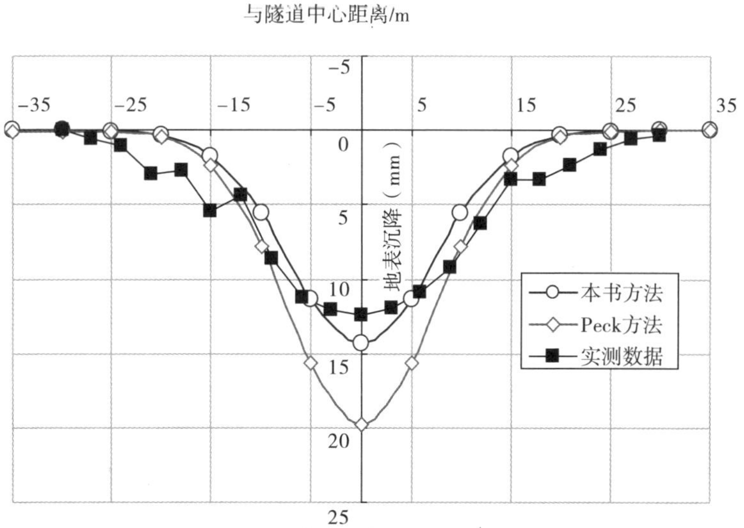

（a）测点1

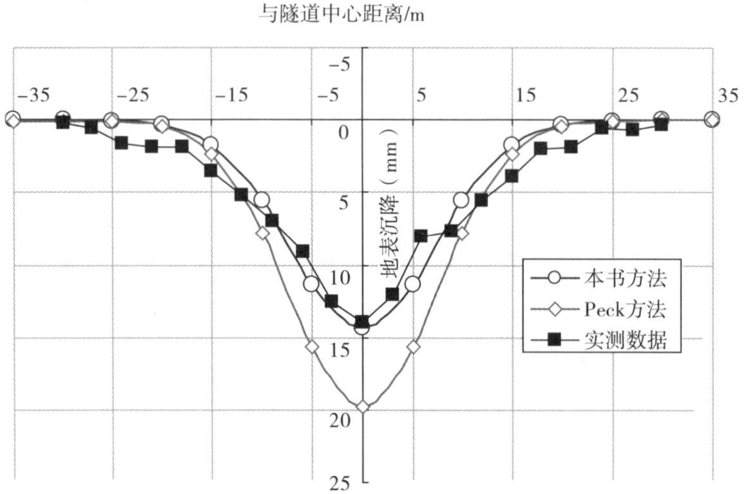

（b）测点2

图 7-5　地表沉降计算值与实测值比较

计算结果显示，本研究方法计算得到的地表沉降曲线与实际地表沉降曲线的形状吻合度较好，与 Peck 公式比较，因考虑了土体卸荷反弹，本研究提出的方法相比 Peck 方法计算得到的地表沉降要小，特别是在地层损失量较大、土拱效应发挥比较充分的情况下，两者的差异将更加明显。而当隧道成拱条件较差时，由于土拱效应不能充分发挥，拱顶松动土压力与原始地应力差值较小，因此土体回弹也很小，此时本研究方法和 Peck 方法结果近似一致。

7.5　本章小结

Peck 公式因其简单实用，目前在地下工程施工地面沉降的估算中得到广泛的应用，Peck 公式的核心是假定沉降槽面积等于地层损失与沉降曲线等于正态分布曲线，这一假定简化了分析，但并不一定合理，特别是在土拱效应发挥充分的情况下误差较大。针对 Peck 公式的修订，许多学者都做了这方面的工作，有的修正了曲线形状，有的考虑了土体的固结变形。本研究从土拱效应卸荷这个角度对这一现象进行分析，以便从理论上解释在部分工程中 Peck 公式误差偏大的原因。

本书作者在传统 Peck 理论公式的基础上，对隧道施工土体沉降进行了探讨。考虑土拱效应的卸荷作用后，拱顶土体沉降槽的面积因为土体卸荷回弹小于地层损失，越靠近地表，土体沉降槽的面积与地层损失的差值越大，造成 Peck 公式计算的沉降偏大，特别是当地层损失较大、土体剪应力发挥比较充分时。因此，在此类工程情况下应根据剪应力沿土体深度的分布规律对 Peck 公式进行修正。

参考文献

[1] EVANS C H. An examination of arching in granular soils [D]. Cambridge: MIT,1983.

[2] JANSSEN H A. Versuche über getreidedruck in silozellen [J]. Zeitschrift Verein Deutscher Ingenieure,1895,35(25): 1045 - 1049.

[3] TERZAGHI K. Theoretical soil mechanics[M]. New York:John Wiley & Sons ,1943: 66 - 76.

[4] MCNULTY J W. An experimental study of arching in sand[D]. Illinois:University of Illinois,1965.

[5] LADANYI B, HOYAUX B. A study of the trap-door problem in a granular Mass[J]. Canadian Geotechnical Journal,1969,6(1):1 - 15.

[6] HARRIS G W. A sandbox model used to examine the stress distribution around a simulated longwall coal-face [J]. International Journal of Rock Mechanics and Mining Sciences & Geomechanical Abstracts, 1974, 11 (8): 325 - 335.

[7] VARDOULAKIS I, GRAF B, GUDEHUS G. Trap-door problem with dry sand: A statical approach based upon model test kinematics[J]. International Journal for Numerical and Analytical Methods in Geomechanics, 1981, 5 (1): 57 - 78.

[8] KASTNER H. Statik des tunnel und stollenbaus, auf der grundlage geomechanischer erkenntnisse[M]. 2nd ed. Berlin:Springer Verlag,1971.

[9] SPANGLER M G, HANDY R L. Soil engineering[M]. 3rd ed. New York:Harper & Row,1973:658 - 686.

[10] WHITMAN R V, GETZLER Z, HÖEG K. Static tests upon thin domes buried in sand[R]. Cambridge:MIT,1962.

[11] WHITMAN R V,GETZLER Z, HÖEG K. Tests upon thin domes buried in sand[J]. Journal of the Boston Society of Civil Engineers,1963,50(1): 1-22.

[12] GETZLER Z,GELLERT M,EITAN R. Analysis of arching pressures in ideal elastic soil[J]. Journal of the Soil Mechanics and Foundations Division, 1970,96(4):1357-1372.

[13] RUDE L C. Measured performance of a laboratory culvert[J]. Journal of the Geotechnical Engineering Division,1982,108(2):1624-1641.

[14] IGLESIA G, EINSTEIN H H, WHITMAN R V. Stochastic and centrifuge modeling of jointed rock vol II-centrifuge modeling of jointed rock [R]. US Air Force Office of Scientific Research,1990.

[15] HSIAN S S,WU M H,CHEN C H. Arching phenomena in a vibrated granular bed [J]. Power Technology,1998(99):185-193.

[16] TIEN H J S. The arching mechanism on the micro level utilizing photoelasticity modeling [D]. Massachusetts: University of Massachusetts Lowell,2001.

[17] PARDRO G S. Experimental and numerical study of arching soil effect in coarse sand[J]. Computers and Geotechnics, 2014(57):75-84.

[18] 李淑,张顶立,李志佳. 北京地铁浅埋暗挖区间隧道塌陷机理[J]. 北京交通大学学报,2012,36(1):24-29.

[19] 曲世鞾. 深埋城市地铁隧道对地层变形的影响及压力拱形成规律研究[D]. 北京:北京交通大学,2009.

[20] 王迎超,严细水,靖洪文,等. 深埋圆形隧道的压力拱研究[J]. 地下空间与工程学报,2012,8(5):910-915.

[21] 汪成兵. 软弱破碎隧道围岩渐进性破坏机理研究[D]. 上海:同济大学,2007.

[22] 吴爱祥,孙业志,刘湘平. 散体动力学理论及其应用[M]. 北京:冶金工业出版社,2008.

[23] 武军,廖少明,张迪. 基于颗粒流椭球体理论的隧道极限松动区与松动土压力[J]. 岩土工程学报,2013,35(4):714-721.

[24] 宫全美,张润来,周顺华,等. 基于颗粒椭球体理论的隧道松动土压力计

算方法[J]. 岩土工程学报,2017,39(1):99－105.

[25] 杨赛. 空洞上覆土质地层变形与破坏的双拱效应[D]. 北京:北京交通大学,2018.

[26] 宋宏伟,杜晓丽. 岩土空洞周围的压力拱及其特性[M]. 北京:煤炭工业出版社,2012.

[27] 黎春林. 盾构隧道施工松动土压力计算方法研究[J]. 岩土工程学报,2014,36(9):1714－1720.

[28] 孙潇昊,缪林昌,林海山. 不同埋深盾构隧道开挖面稳定问题数值模拟[J]. 东南大学学报(自然科学版),2017,47(1):164－169.

[29] 雷华阳,刘旭,加瑞,等. 考虑土拱渐进发展的松动土压力研究[J]. 岩土工程学报,2021,43(8):1434－1442.

[30] MARSTON A. The theory of external loads on closed conduits in the light of the latest experiments [C]//Proceedings of the Ninth Annual Meating of the Highway Research Board. Washington, D. C.: Highway Research Board, 1930(9):138－170.

[31] 顾安全. 上埋式管道及洞室垂直土压力的研究[J]. 岩土工程学报,1981,3(1):3－15.

[32] NIELSON, F D. Soil-structure-arching analysis of buried flexible structures[M]. Arizona:The University of Arizona,1966.

[33] MARSTON A, ANDERSON A O. The theory of loads on pipes in ditch and tests of cement and clay drain tile and sewer pipe[M]. Ames: lowa State College of Agriculture and Mechanic Arts,1913.

[34] TERZAGHI K. Stability and stiffness of cellular cofferdams[J]. Transactions of the Amercican Society of Civil Engineers,1945(110):1175－1178.

[35] HANDY R L. The arch in soil arching[J]. Journal of Geotechnical Engineering, 1985,111(3):302－318.

[36] GETZLER Z, KOMORNIK A, MAZURIK A. Model study on arching above buried structures[J]. Journal of the Soil Mechanics and Foundations Division,1968,94(5):1123－1141.

[37] BELL F G. Engineering geology [M]. Oxford: Blackwell Science Ltd,1993.

[38] FINN W D L. Boundary value problems of soil mechanics [J]. Journal of the Soil Mechanics and Foundation Division,1963,89(5):39－72.

[39] TIEN H J. A literature study of the arching effects [D]. Massachusetts: MIT,1996.

[40] CHELAPATI C V. Arching in soil due to the deflection of a rigid horizontal strip[M]. California:Naval Civil Engineering Laboratory,1964.

[41] 罗伟. 隧道开挖方法与其压力拱高度研究[D]. 重庆:重庆交通大学,2016.

[42] 赵彭年. 考虑水平方向原始应力时巷道顶板自然平衡拱的形态[J]. 中国矿业大学学报,1978(0):56－63.

[43] 缪协兴. 自然平衡拱与巷道围岩的稳定[J]. 矿山压力与顶板管理,1990(2):55－57.

[44] BIERBAUMER A. Die dimensionerung des tunnelmauerwerks:studien [M]. Leipzig:Wilhelm Engelmann,1913.

[45] BALLA A. Rock pressure determined from shearing resistance[C]. Proc. Int. Conf. Soil Mechanics,Budapest. 1963,557:461－471.

[46] 谢家杰. 浅埋隧道的地层压力[J]. 土木工程学报,1964,10(6): 58－70.

[47] 中华人民共和国交通运输部. 公路隧道设计规范　第一册　土建工程(JTG 3370.1—2018)[S]. 北京:人民交通出版社,2018.

[48] 关宝树. 隧道工程设计要点集[M]. 北京:人民交通出版社,2003.

[49] 黎春林. 对“盾构隧道施工松动土压力计算方法研究”讨论的答复[J]. 岩土工程学报,2015,37(7):1355－1356.

[50] PARK K H,SALGADO R. Estimation of active earth pressure against rigid retaining walls considering arching effects[J]. Geotechnique,2003,53(7):643－653.

[51] MCKELVEY Ⅲ J A. The Anatomy of soil arching[J]. Geotextiles and Geomembranes ,1994(13):317－329.

[52] 张凤祥,朱合华,傅德明. 盾构隧道[M]. 北京:人民交通出版社,2004:339.

[53] 刘克奇,丁万涛,陈瑞,等. 盾构掌子面三维破坏模型构建与极限支护力计算[J]. 岩土力学,2020,41(7): 2293－2303＋2469.

[54] ANAGNOSTOU G. The contribution of horizontal arching to tunnel face stability [J]. Geotechnik,2012,35(1): 34－44.

[55] 李君,陈仁朋,孔令刚．干砂地层中盾构开挖面失稳模式及土拱效应试验研究[J]. 土木工程学报,2011,44(7):142－148.

[56] 武军,廖少明,时振昊．考虑土拱效应的盾构隧道开挖面稳定性[J]. 同济大学学报(自然科学版),2015,43(2):213－220.

[57] 宋锦虎,陈坤福,李宁娜,等．水土耦合对盾构土拱效应及最小支护力的影响分析[J]. 铁道学报,2015,37(10):122－128.

[58] 林海山．盾构隧道开挖面稳定性试验与颗粒流数值模拟研究[D]. 南京:东南大学,2016.

[59] 董小卫．盾构穿越施工开挖面稳定性分析[J]. 轨道交通与地下工程,2020,38(4):153－157.

[60] 胡欣雨．复杂地层大型泥水盾构开挖面破坏细微观机理及宏观稳定性研究[D]. 上海:同济大学,2010.

[61] 魏纲．顶管工程土与结构的性状及理论研究[D]. 杭州: 浙江大学,2005.

[62] DAVIS E H,GUNN M J,MAIR R J,et al. The stability of shallow tunnels and underground openings in cohesive material[J]. Geotechnique,1980,30(4):397－416.

[63] 张孟喜,戴治恒,张晓涛,等．考虑主应力轴偏转的深埋盾构隧道开挖面主动极限支护压力计算方法[J]. 岩石力学与工程学报,2021,40(11):2366－2376.

[64] 赵文,程诚,李慎刚,等．盾构开挖面楔形体支护压力模型分析及改进[J]. 中国公路学报,2017,30(8):74－81.

[65] 黎春林．盾构开挖面三维曲面体破坏模型及支护力计算方法研究．岩土工程学报,2022,43(8):2092－2102.

[66] CHEN R P,TANG L J,YIN X S,et al. An improved 3D wedge-prism model for the face stability analysis of the shield tunnel in cohesionless soils[J]. Acta Geotechnica,2015,10(5): 683－692.

[67] MOLLON G,DIAS D,SOUBRA A. Face stability analysis of circular tunnels driven by a pressurized shield[J]. Journal of Geotechnical and Geoenvironmental Engineering,2010,136(1): 215－229.

[68] COSTA Y D,ZOMBERG J G,BUENO B S,et al. Failure mechanisms in sand over a deep active trapdoor[J]. Journal of Geotechnical and Geoenvironmental Engineering, 2009,135(11): 1741-1753.

[69] LO K Y,ROWE R k. Prediction of ground sunsidence due to tunnelling in clays[M]. London:The University of Western Ontario,1982.

[70] ROWE R K,LO K Y,KACK G J. A method of estimating surface settlement above tunnels constructed in soft ground[J]. Canadian Geotechnical Journal,1983,20(1):11-22.

[71] LEE K M,ROWE R K,Lo K Y. Subsidence owing to tunnelling. I. Estimating the gap parameter[J].Canadian Geotechnical Journal,1992,29(6):929-940.

[72] 夏元友,陈春舒,BAKRI Mudthir,等. 浅埋隧道开挖引起的土体水平位移分析[J]. 岩土力学,2015,36(2):354-360.

[73] 汪大海,贺少辉,刘夏冰,等. 地层渐进成拱对浅埋隧道上覆土压力影响研究[J]. 岩土力学,2019,40(6):1-12.

[74] 闫海生. 典型地质条件下地铁施工引起地表沉降规律的研究[D]. 太原:太原理工大学,2011.

[75] 谭文辉,于江,孙宏宝,等. 地铁7号线车站地表施工沉降的Peck公式修正[J]. 地下空间与工程学报,2015,11(S1):200-204.

[76] 孙延盼,邵永健,万凯. 基于苏州地层盾构施工的Peck公式修正[J]. 淮阴工学院学报,2015,24(5):52-56.

[77] 张治国,杨轩,赵其华,等. 盾构隧道开挖引起地层位移计算理论的对比与修正[J]. 岩土工程学报,2016,38(S2): 272-279.

[78] 朱正国,李兵兵,李文江,等. 新建铁路隧道下穿既有铁路施工引起的地表沉降控制标准研究[J]. 中国铁道科学,2011,32(5):78—82.

[79] 黎春林. 考虑土拱效应的盾构隧道施工地表沉降规律研究[J]. 山东理工大学学报(自然科学版),2020,34(5):52-56.